棒针编织的

时尚
马甲和背心

日本 E&G 创意　编著
刘晓冉　译

河南科学技术出版社
· 郑州 ·

目 录

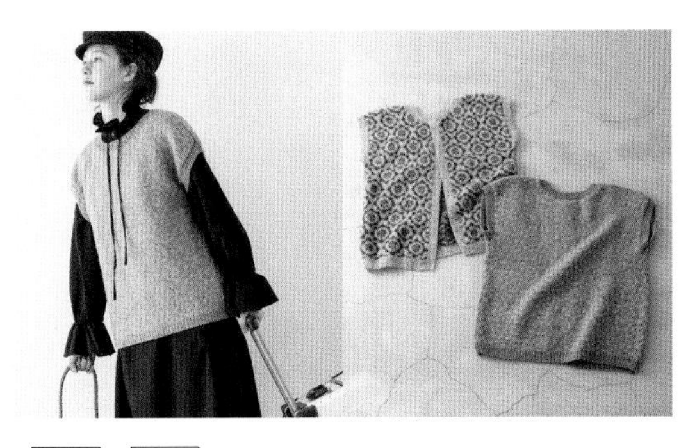

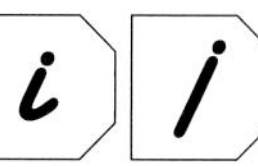

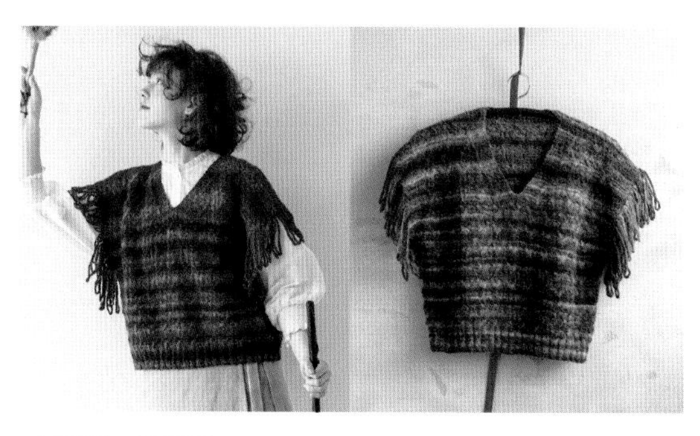

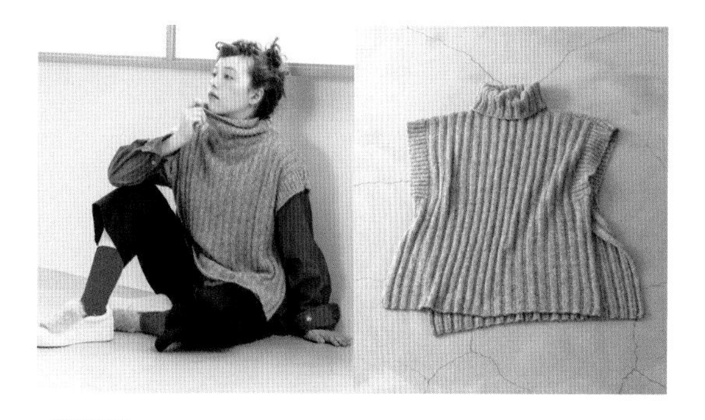

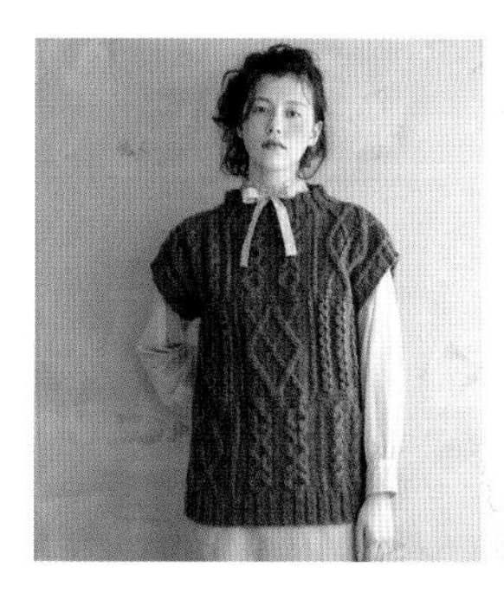

镂空花样 V 领背心

制作方法 ··· *p.32*

设计、制作 ··· 池上 舞

线材 ··· Alpaca Mohair Fine

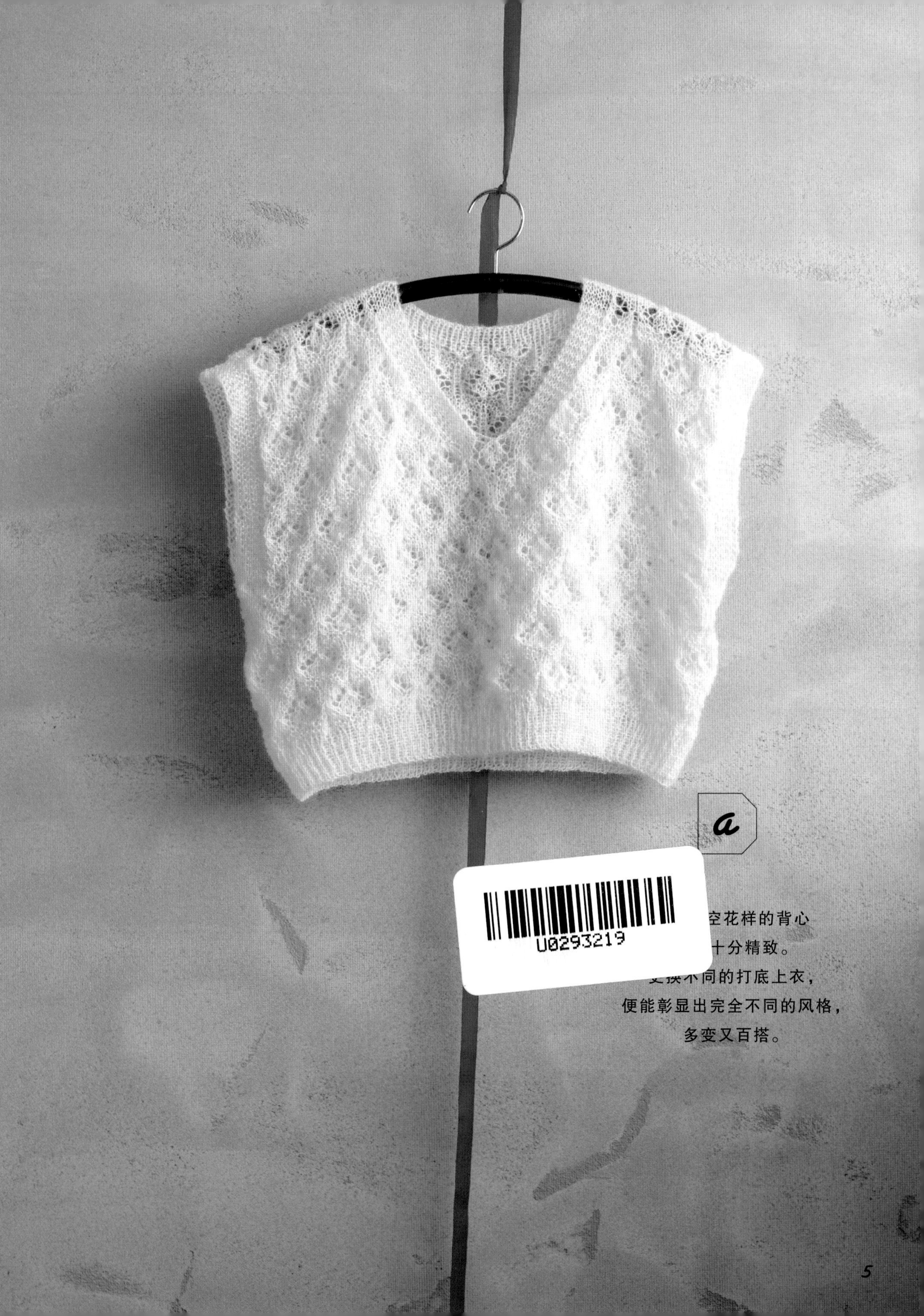

a

空花样的背心

十分精致。

同的打底上衣，

便能彰显出完全不同的风格，

多变又百搭。

高领长款背心裙

制作方法 … p.34

设计、制作 … 池上 舞

线材 … Amerry

b

这件长款背心裙
能完全遮住臀部。
因为编织花样是不断重复的，
所以也可以
按照自己喜欢的长度进行编织。

配色花样
后开襟马甲

制作方法 … *p.36*

设计 … 冈本启子

制作 … *c* / 小出映子　*d* / 森田宽子

线材 … *c* /Sonomono Hairy　*d* /Amerry

这款配色花样的马甲
背部的造型也非常漂亮。
线的配色不同，
呈现出的感觉也完全不同。

阿兰花样和配色花样的两穿背心

制作方法…*p.42*

设计…河合真弓

制作…堀口美由纪

线材…Sonomono Alpaca Wool〈中粗〉

E

这是一款前、后两穿的背心，
可以根据当日的心情选择
是穿阿兰花样的一面，
还是穿配色花样的一面。

前开襟刺绣马甲

制作方法 … *p.39*

设计 … 河合真弓

制作 … 冲田喜美子

线材 … Sonomono Alpaca Wool〈中粗〉、Amerry

这款马甲虽然款式简单，
却有着非常可爱的刺绣。
因为是前开襟的，
所以内搭的选择也非常丰富。

格子风马甲

制作方法 … *p.46*

设计、制作 … 池上 舞

线材 … Sonomono Alpaca Lily

g

用上针和下针
呈现出了格子花样。
因为是短款的，
所以可以享受叠穿带来的乐趣。

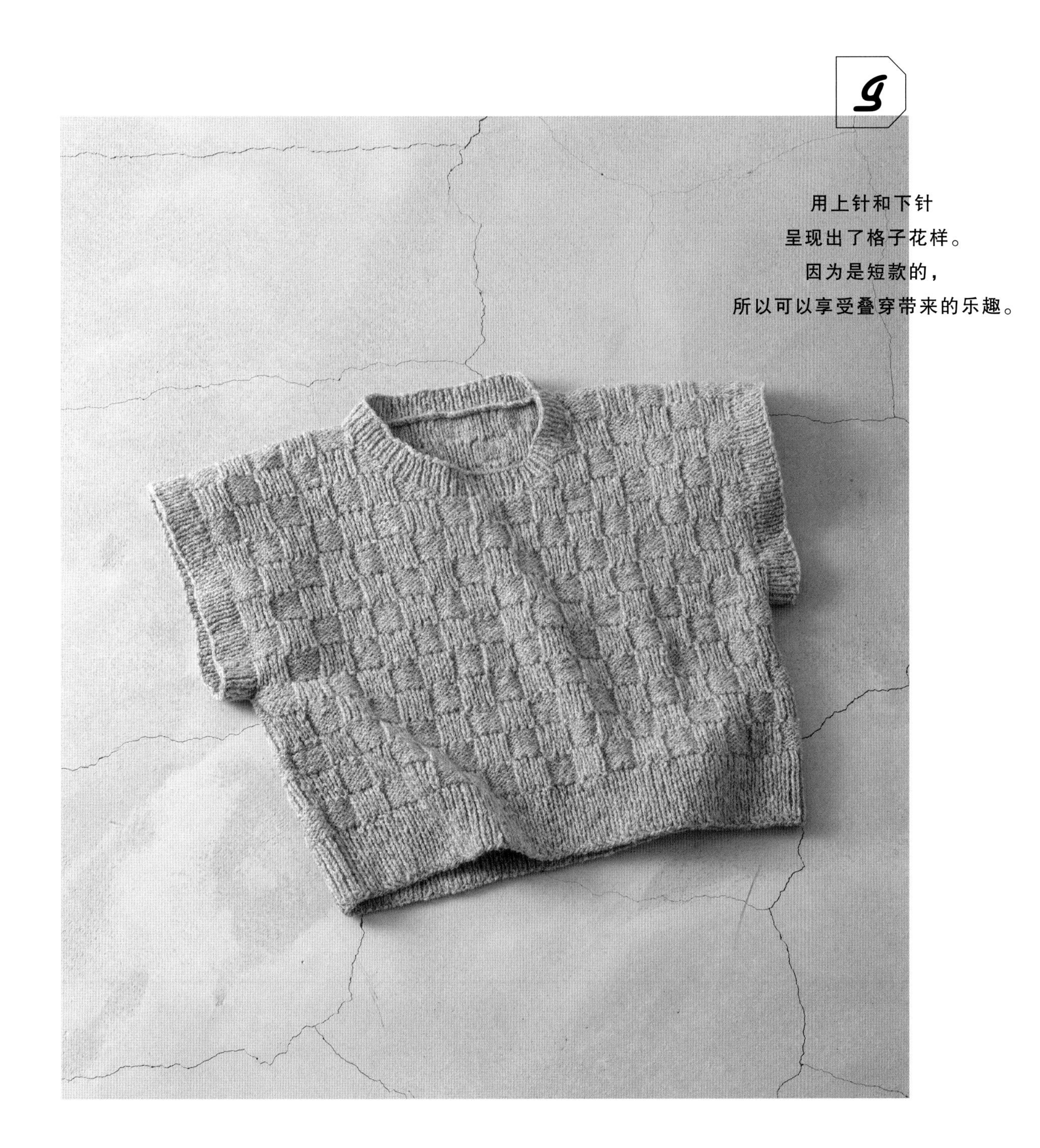

阿兰花样
侧开衩背心

制作方法 … p.51

设计、制作 … 风工房

线材 … Sonomono Alpaca Wool〈中粗〉

h

灰色的线条点缀在
这款前短后长的
阿兰花样的背心上。
无论搭配什么服装
都会非常和谐。

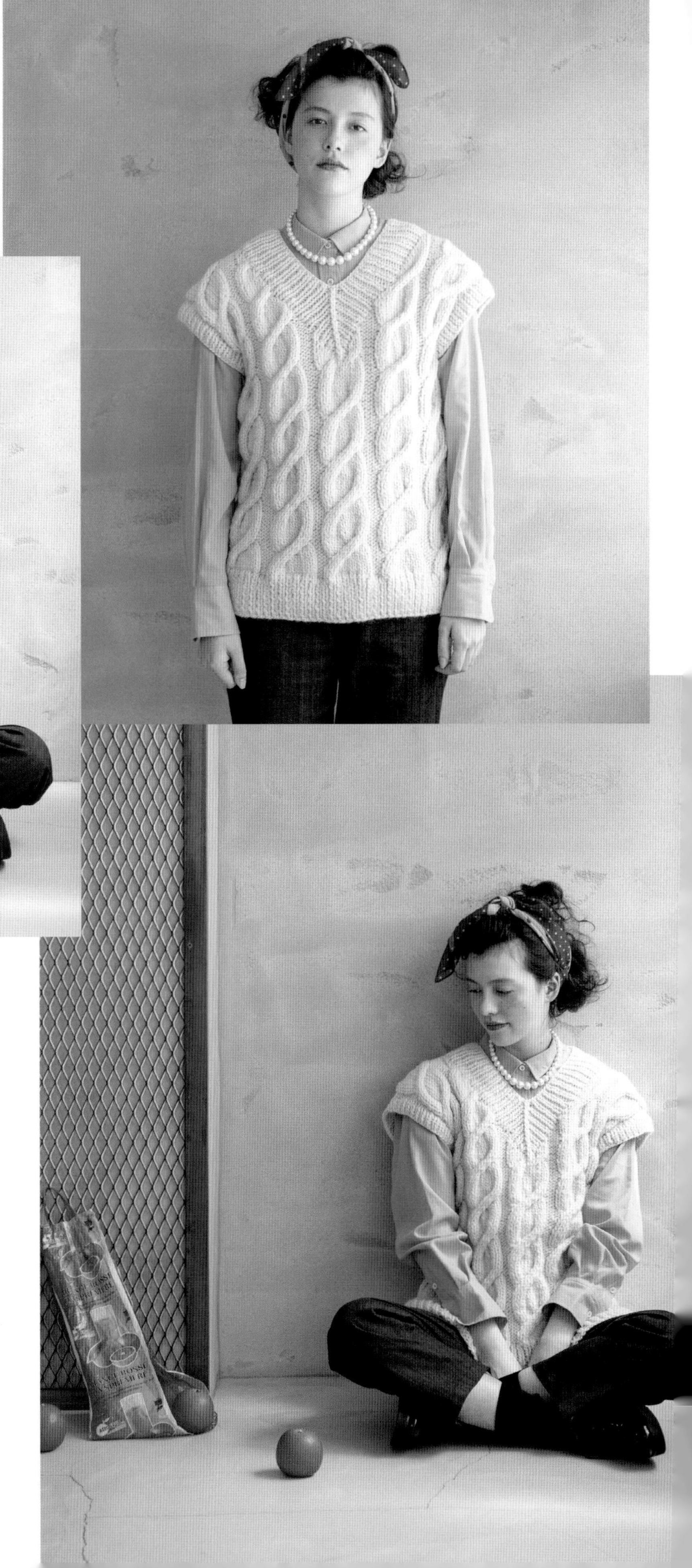

大麻花V领背心

制作方法 … p.54

设计、制作 … 镰田惠美子

线材 … Sonomono Gran

i

这款大麻花花样的 V 领背心
厚实又保暖。
寒冷冬季即将来临的时候，
就会想要编织这样一件背心。

k

袖口带流苏的 V 领背心

制作方法 … p.56

设计 … 冈本启子

制作 … k / 中川好子　l / 笹岛美千代

线材 … Dina

l

这款背心不仅有漂亮的流苏，
还有时尚的段染配色。
自然的交叉针花样
也非常好看。

高领侧开衩背心

制作方法 … *p.58*

设计、制作 … Blanco

线材 … Sonomono Royal Alpaca

m

这款直着编织就能完成的背心
对于新手来说很容易上手。
用柔软的线编织的时候，
心里也暖融融的。

拼布风背心

制作方法 … *p.50*

设计、制作 … 冈 真理子

线材 … Men's Club Master

n

这款拼布风的背心，
只需要先纵向编织 3 种图案，
再将每一列缝合在一起即可，
图案的排列其实很简单。
看起来难，编织起来简单，
就是这款背心的亮点。

基础编织教程

＊为了清晰易懂，更换了部分线的颜色进行说明。

两胁的缝合方法（挑针缝合）[单罗纹针编织的情况]

1 将编织起点剩余的线穿入手缝针中，将 2 片织片对齐摆放，将第 1 行顶端 1 针内侧的横线往返挑针缝合 2 次。

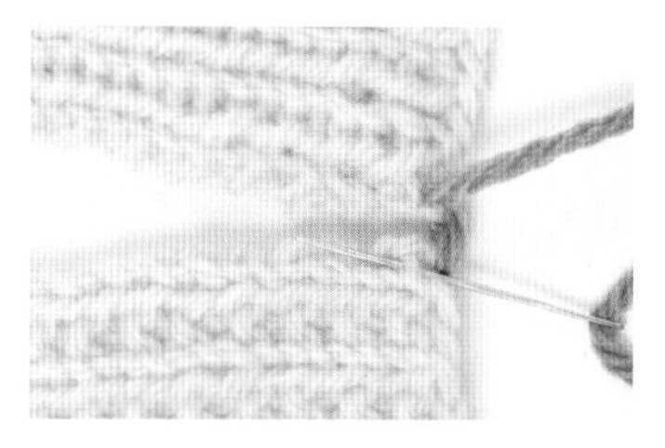

2 从第 2 行以后，分别将每片织片顶端 1 针内侧的横线，一行一行仔细地挑针缝合。

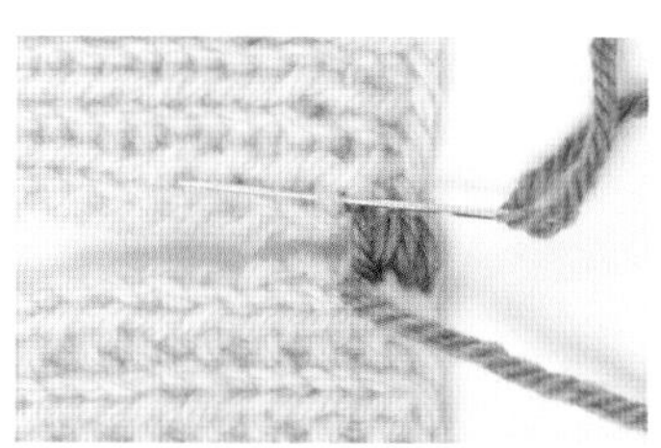

3 挑针缝合了几行的样子。
※ 图中为了清晰易懂，线的往返状态较松，但实际编织时，需要将线拉紧并保持织片平整，将织片与织片缝合在一起。

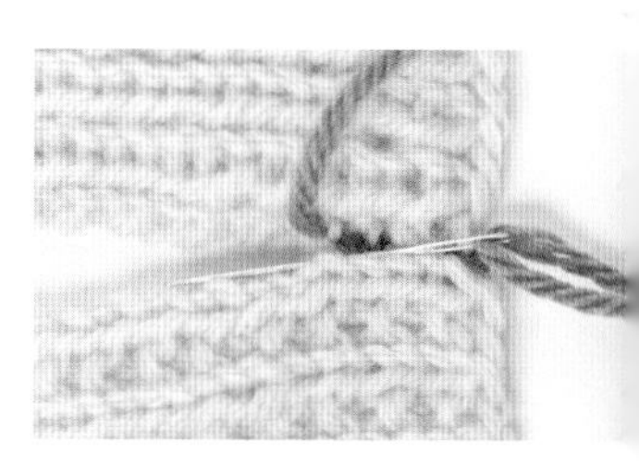

4 单罗纹针整齐地连接在一起了

两胁的缝合方法（挑针缝合）[下针编织的情况]

1 将 2 片织片对齐摆放，将织片顶端 1 针内侧的横线挑针缝合。

2 一行一行交替入针，仔细地挑针缝合。

3 挑针缝合几行后就将线拉紧，使织片缝合在一起。

4 拉线时注意不要过于用力，以免织片不平整。

肩部的接合方法（引拔接合）

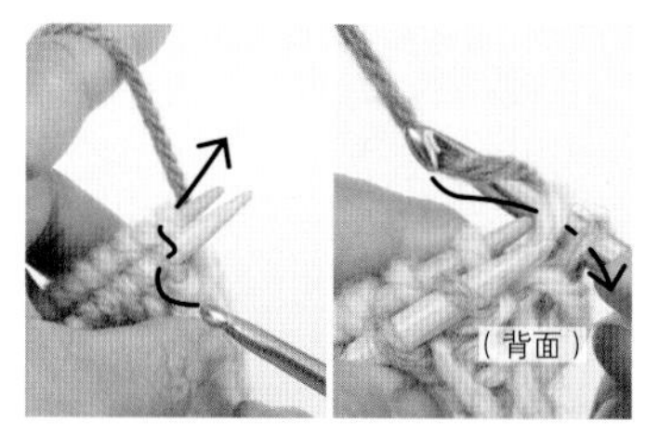

1 将织片正面相对对齐，将钩针按照箭头方向插入 2 个针目中（左图），移动针目，在针尖上挂线，一次性引拔（右图）。

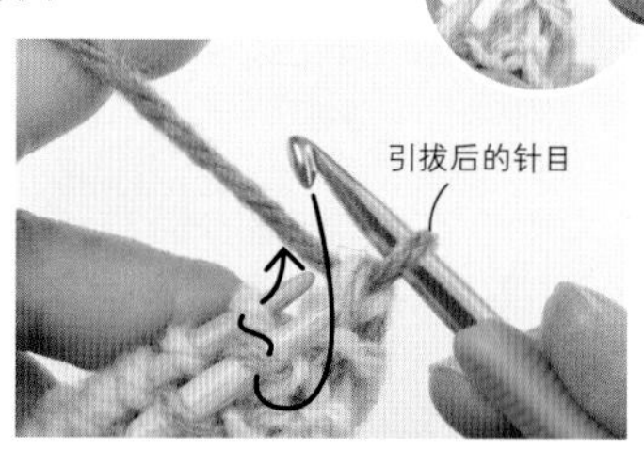

2 按照相同的要领，将钩针按照箭头方向插入下面 2 个针目中，移动针目，一次性引拔挂在钩针上的 3 个针目（步骤 **1** 中留在钩针上的 1 针和移动过来的 2 针，共计 3 针）。右上图为引拔好的样子。

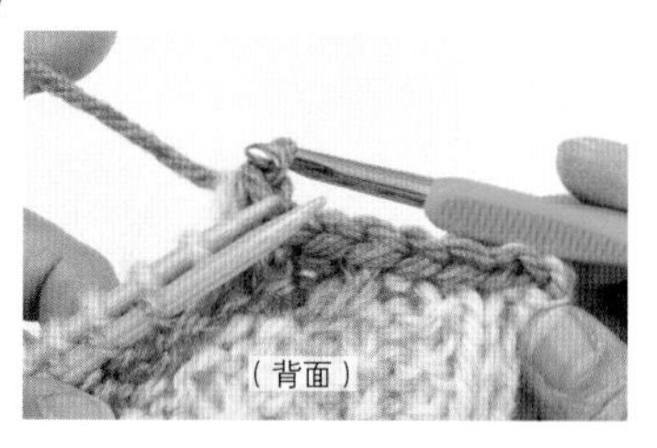

3 重复步骤 **2**，引拔所有针目至侧边。线头保留 10cm 左右剪断，从最后的针目中拉出。

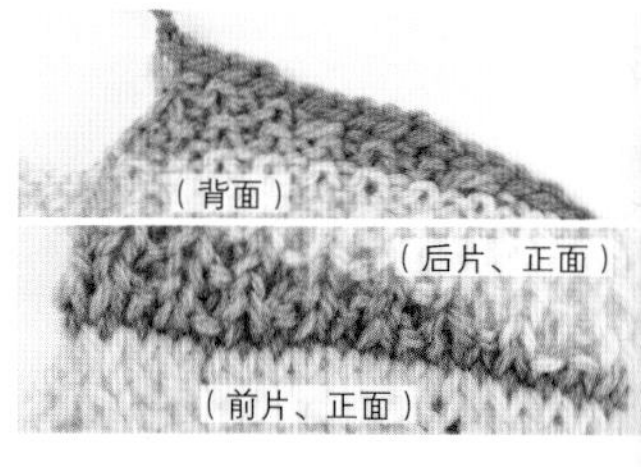

4 上图，引拔接合完成的样子。下图，从正面看接缝针目的样子。

肩部的接合方法（盖针接合）

要点：盖针接合与引拔接合相比，效果更加平整，特点是从正面看不到接合用的线。

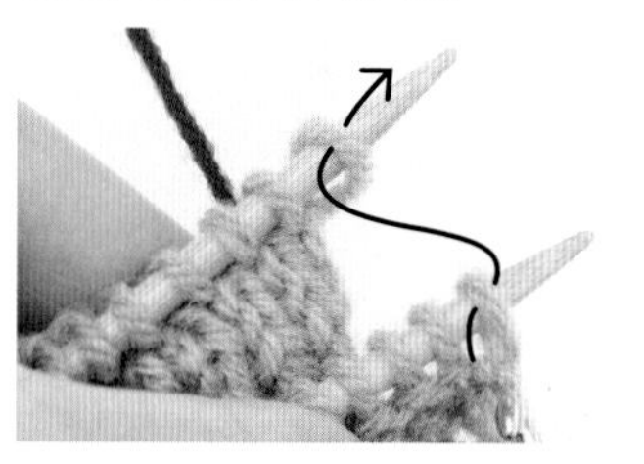

1 将 2 片织片正面相对对齐，将钩针插入 2 片织片顶端的针目中。

2 将外侧的针目从内侧的针目中拉出。

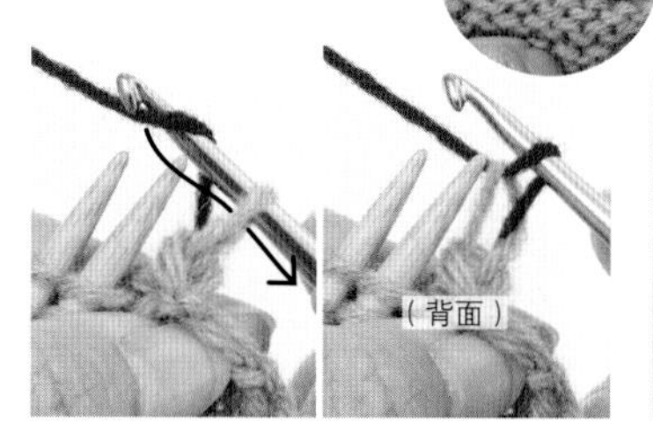

3 钩针挂线，钩织引拔针。重复这一操作直到另一端。

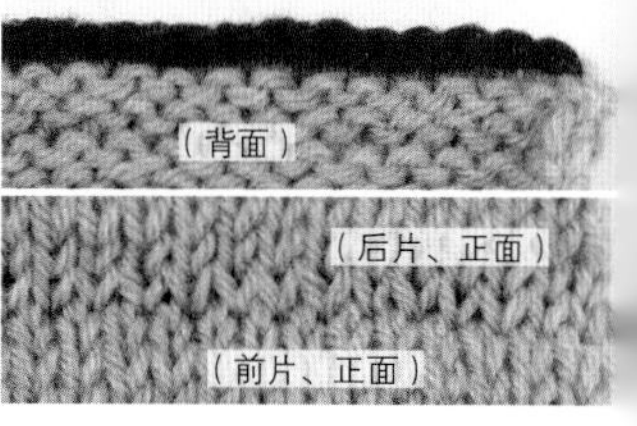

4 最后，将线从留在钩针上的针目中拉出，剪断。

伏针收针（罗纹针编织的钩针的伏针收针）

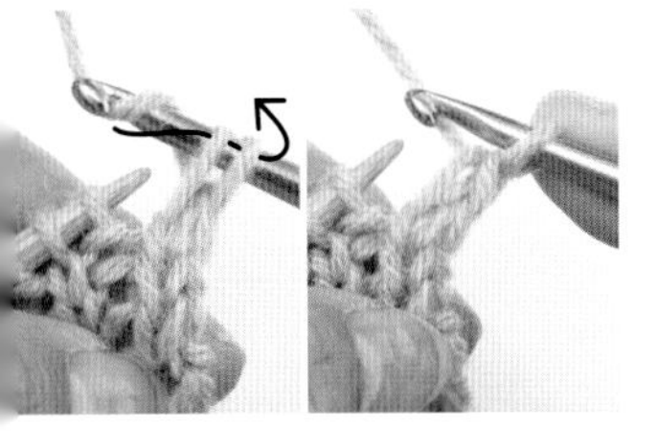

1 将钩针插入侧边的 2 针下针中（左图），用下针引拔（右图）。

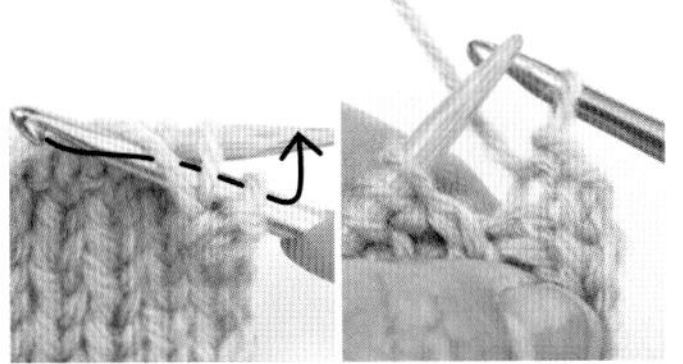

2 上针时需要将线放至内侧（左图），用上针引拔（右图）。

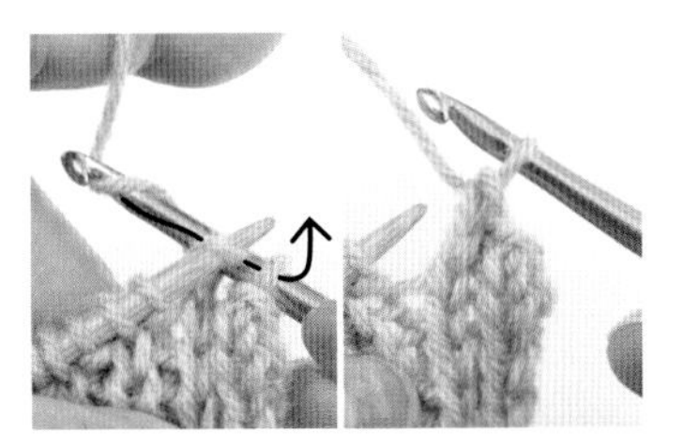

3 按照箭头的方向，将线圈引拔出（左图），用下针引拔（右图）。

4 根据织片上的罗纹针针目，遇下针钩织下针，遇上针钩织上针，略松地进行伏针收针。

伏针收针（下针编织的钩针的伏针收针）

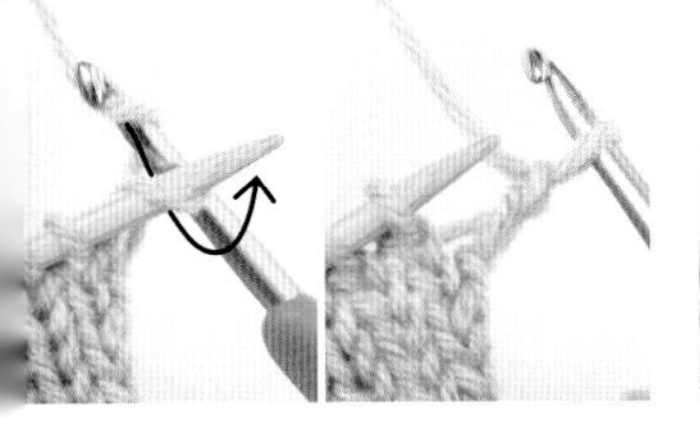

1 将钩针插入侧边的下针中（左图），钩织引拔针（右图）。

2 按照箭头的方向，将钩针插入第 2 针中（左图），钩织引拔针（右图）。

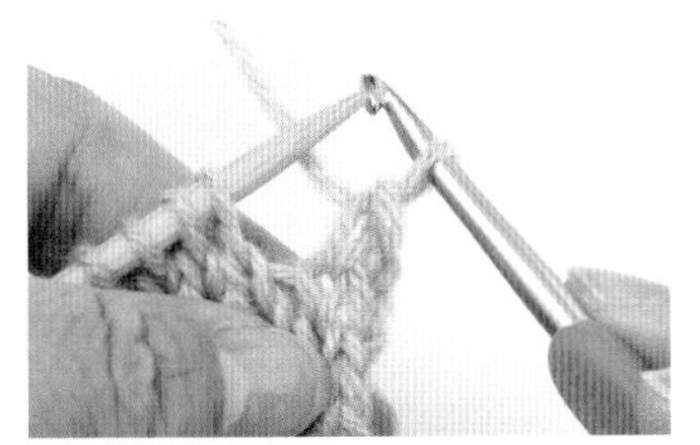

3 引拔出的样子。

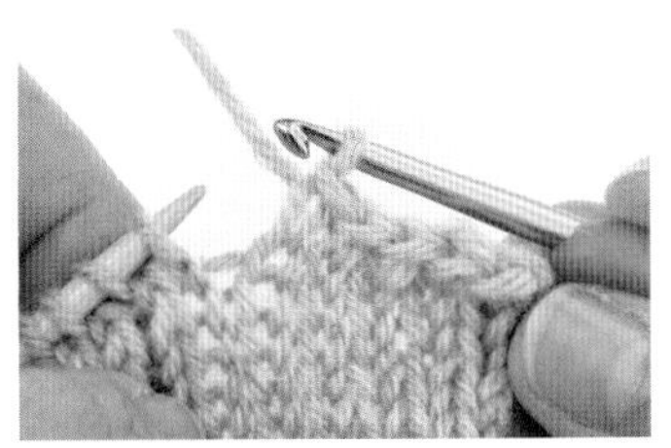

4 进行伏针收针时，注意不要让织片歪斜或松懈。

右上 1 针交叉（中间针目在上面）

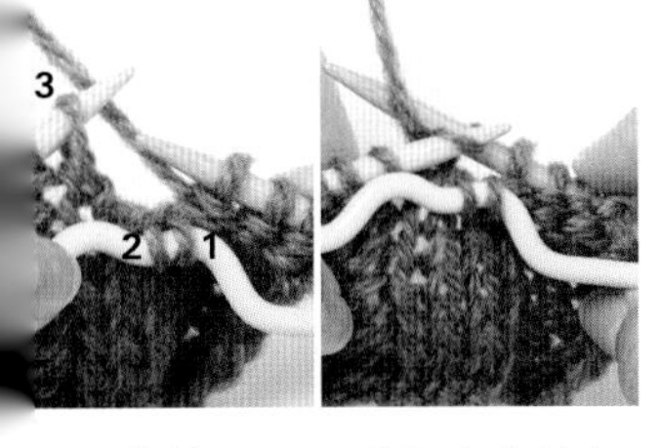

1 将针目 **1**、**2** 移至麻花针上，将麻花针放在前面（左图），下针编织针目 **3**。

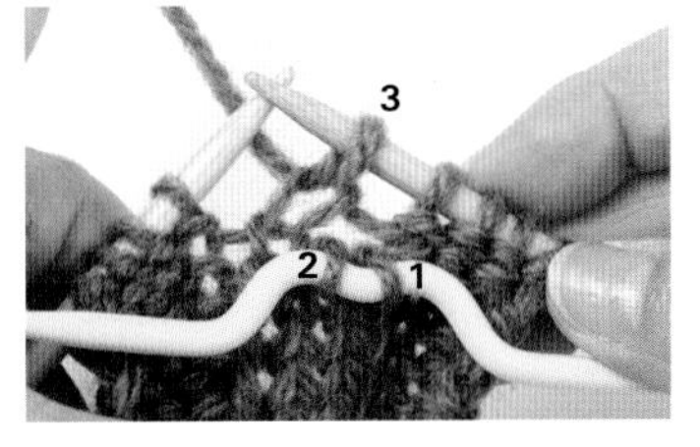

2 针目 **3** 编织完成。

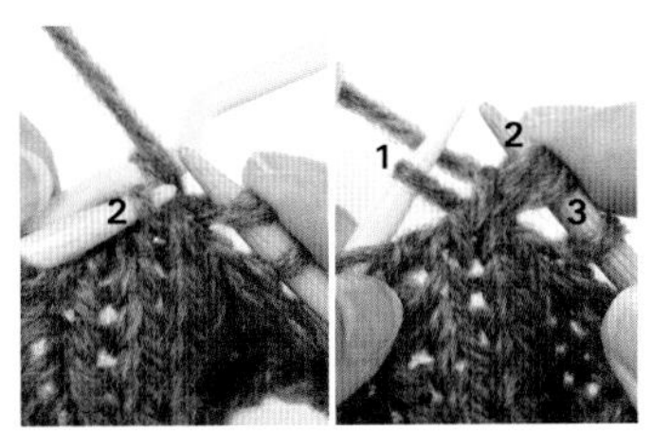

3 将挂在麻花针上的针目 **2** 移至左棒针上（左图），编织下针（右图）。这时，麻花针需放在后面。

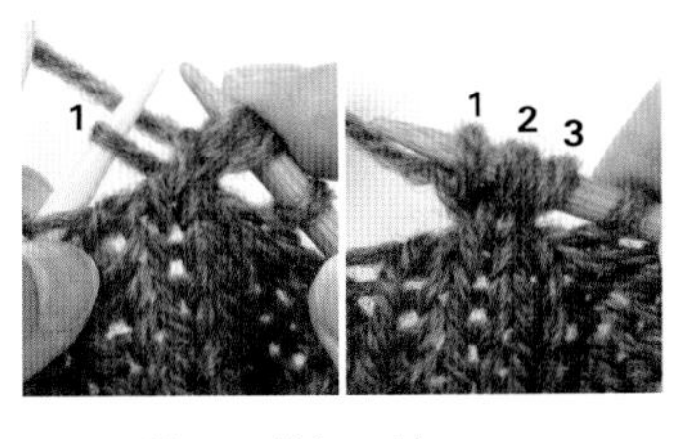

4 针目 **1** 编织下针。

5 中间的针目在最前面。右上 1 针交叉（中间针目在上面）编织完成。

滑针（下针）

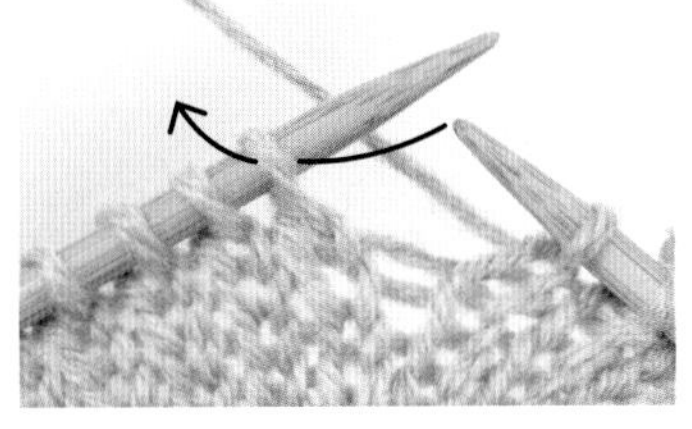

1 将右棒针按照箭头方向插入左棒针的针目中，不编织，直接将针目移至右棒针上。

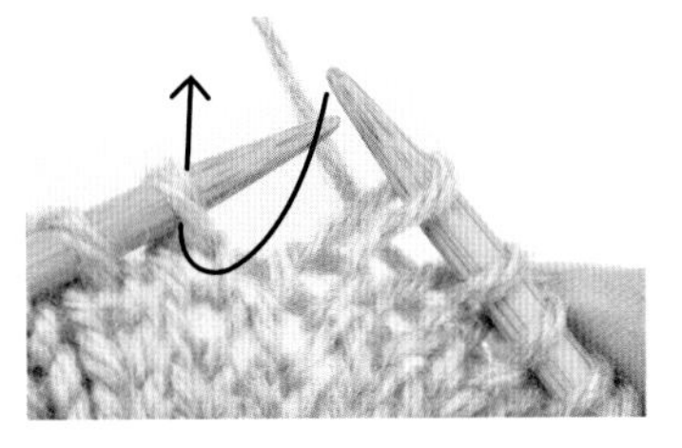

2 在后侧渡线，下一个针目编织下针。

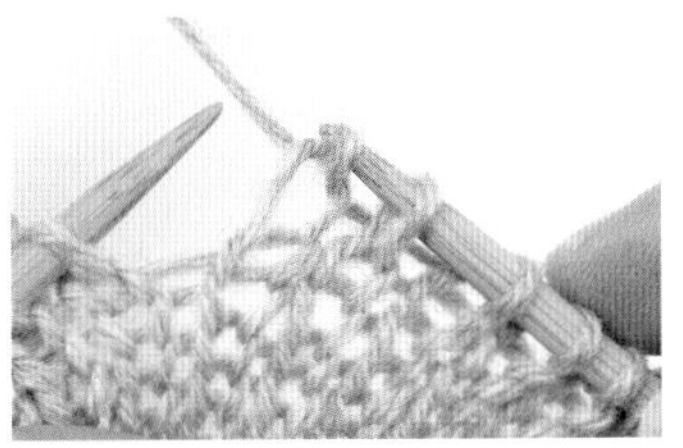

3 线在移动的针目后侧渡过。

滑针（上针）

1 将右棒针按照箭头方向插入左棒针的针目中，不编织，直接将针目移至右棒针上。

2 在后侧渡线，下一个针目编织上针。

3 在移动的针目后侧渡线。

配色花样的编织方法
（横向渡线的方法）

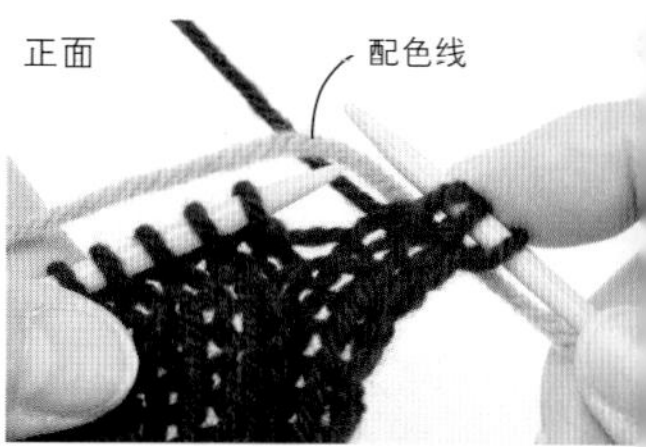

1 编织要更换配色线的前1针的针目（第4针）时，将配色线（黄色）放在底色线（藏蓝色）的上方。

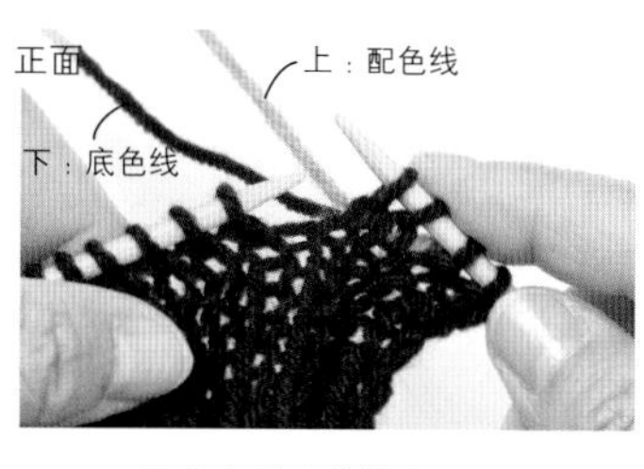

2 用底色线（藏蓝色）编织 1 针。

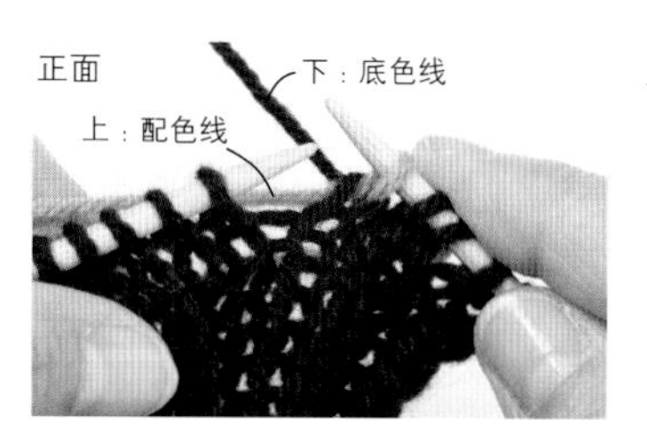

3 在底色线（藏蓝色）的上方渡过配色线（黄色），编织配色线。

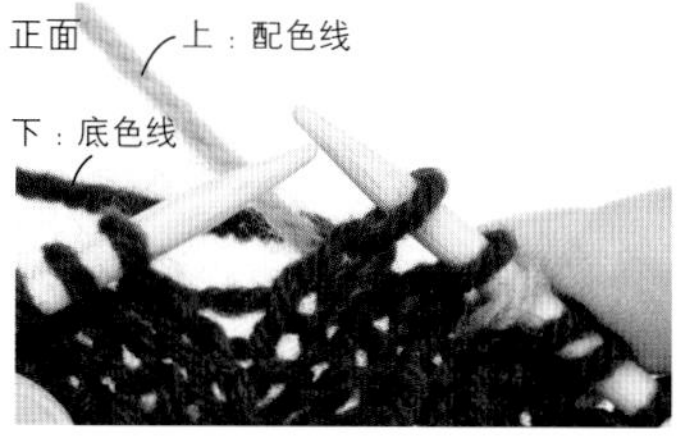

4 在配色线（黄色）的下方渡过底色线（藏蓝色），编织底色线。

5 编织至侧边后，将织片翻面，将配色线（黄色）放在底色线（藏蓝色）的上方，开始编织下一行。

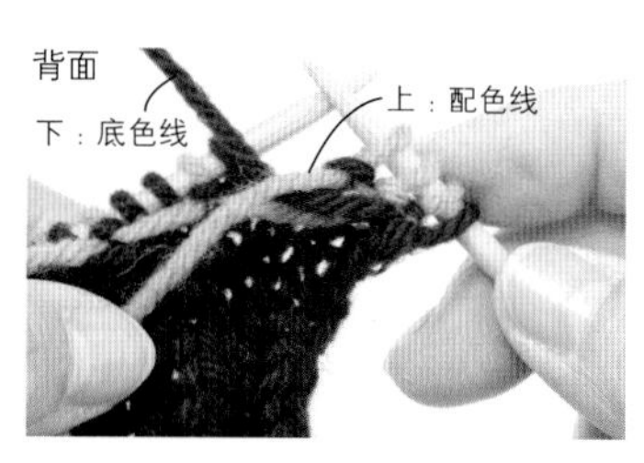

6 换线时，底色线在下，配色线在上，一边留意配色一边编织。

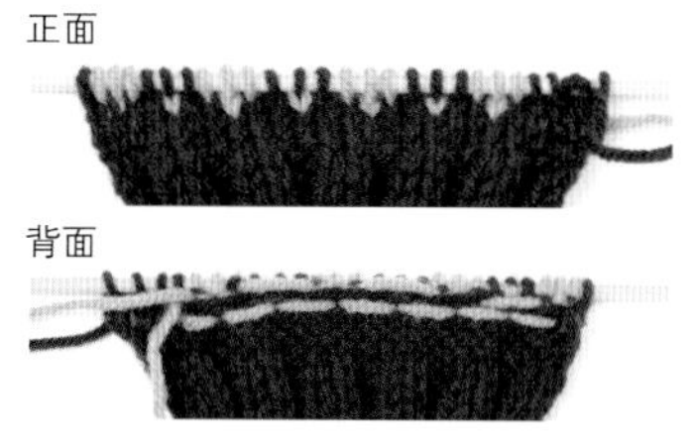

7 织入配色线，编织好 2 行的样子。

袖窿的减针方法

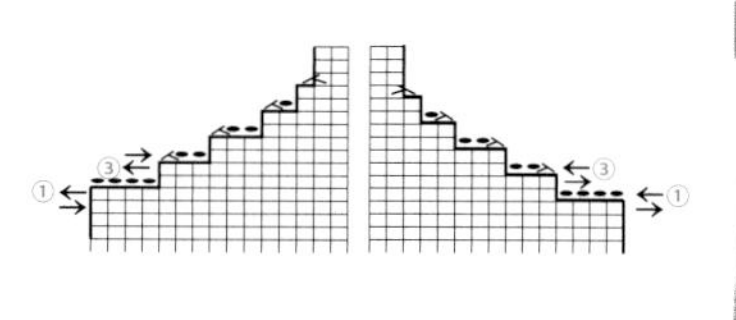

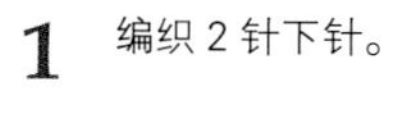

第 1 行（正面）

1 编织 2 针下针。

2 将针目 **1** 按照箭头方向盖在针目 **2** 上，编织伏针（左图）。编织好 1 针伏针的样子（右图）。

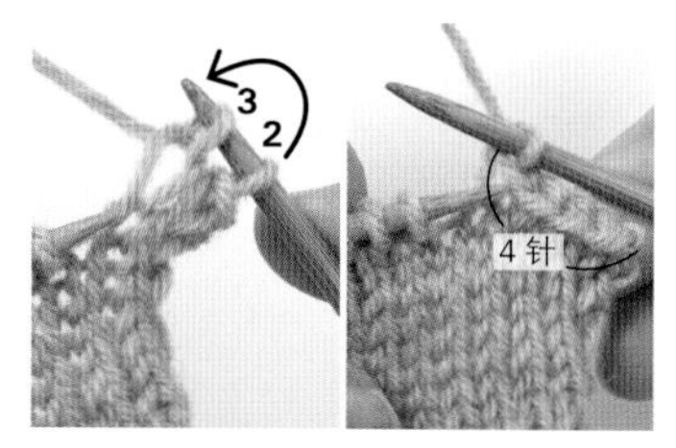

3 针目 **3** 编织下针，将针目 **2** 按照箭头方向盖过去。再重复 2 次，伏针共计 4 针。继续编织下针至一端。

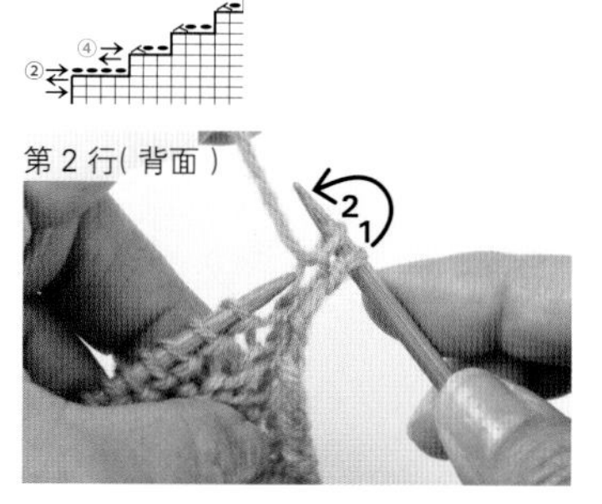

4 将织片翻至背面，编织 2 针上针，将针目 **1** 按照箭头方向盖在针目 **2** 上。

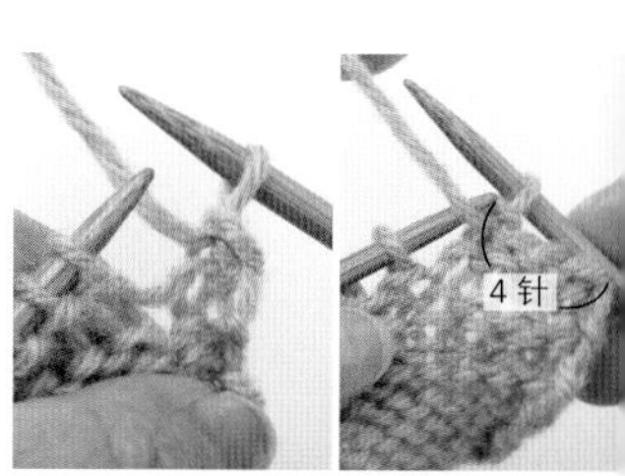

5 编织好 1 针伏针的样子（图）。按照相同的方法再重复 3 次，伏针共计 4 针（右图继续编织上针至一端。

第 3 行（正面）

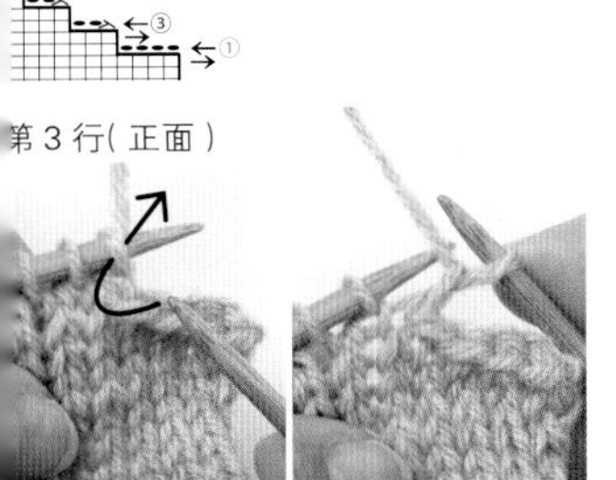

6 将织片翻至正面，侧边的 1 针不编织，按照箭头方向移至右针上。

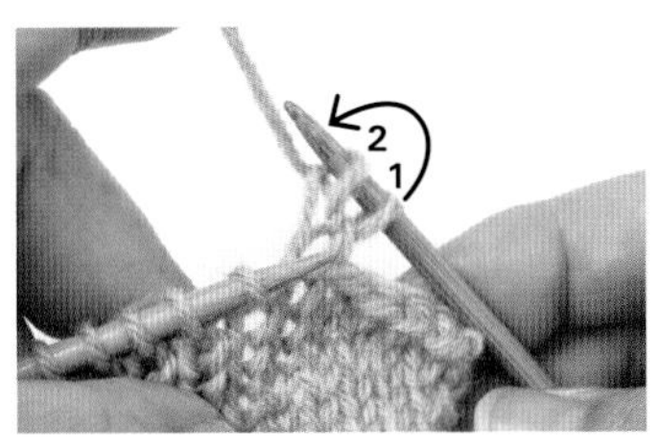

7 下一针编织下针，将移至右棒针的针目按照箭头方向盖过去，减少 1 针。

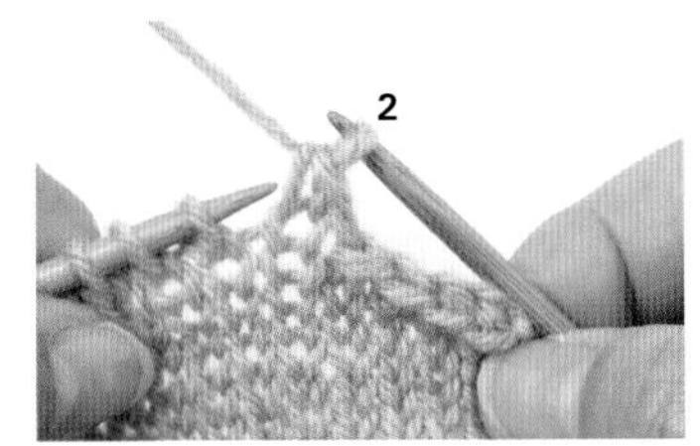

8 右上 2 针并 1 针编织完成。

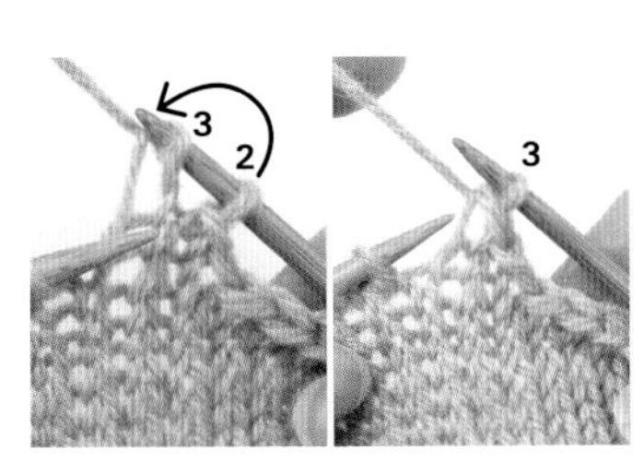

9 下一针编织下针（左图），按照箭头方向盖过去，编织 1 针伏针（右图）。再重复 1 次。

10 编织好右上 2 针并 1 针、2 针伏针，从侧边减少了 3 针的子。继续编织下针至左端。

第 4 行（背面）

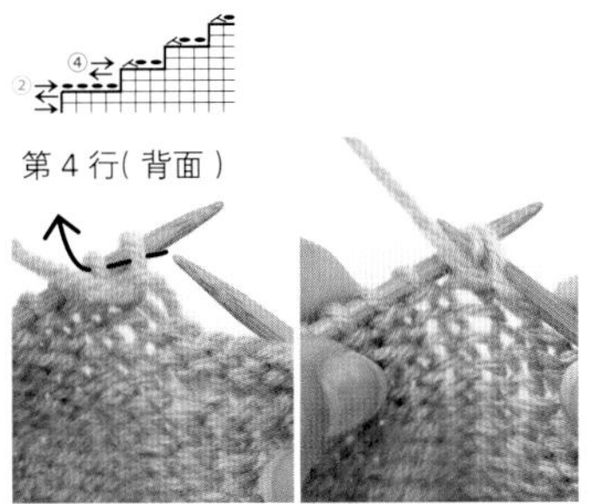

11 将织片翻面，按照箭头方向入针，编织左上 2 针并 1 针。

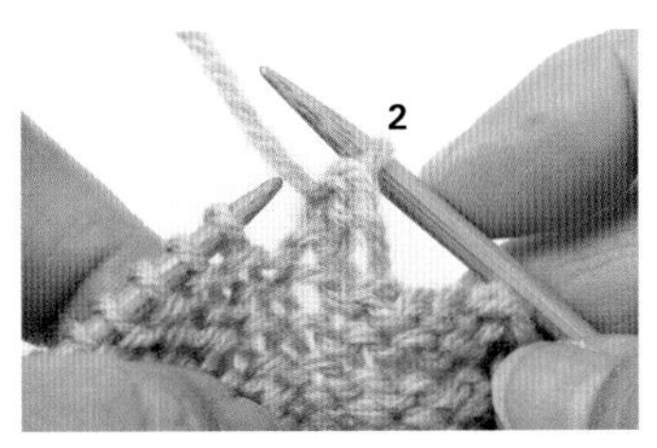

12 编织 1 次左上 2 针并 1 针，减少了 1 针的样子。

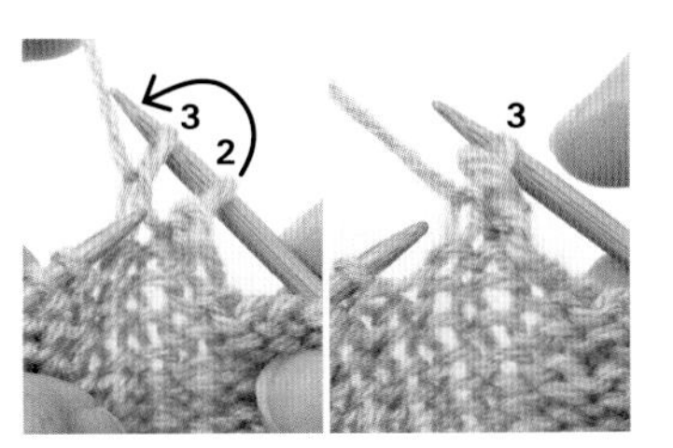

13 下一针编织上针（左图），按照箭头方向盖过去，编织 1 针伏针（右图）。再重复 1 次。

4 编织好左上 2 针并 1 针、2 针伏针，从侧边减少了 3 针的子。按照相同的方法，按照各行指的针目减针，继续编织。

肩部引返编织

（右肩）

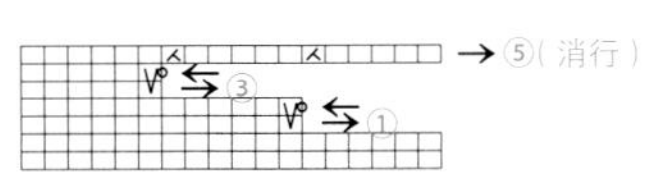

第 1 行（背面）

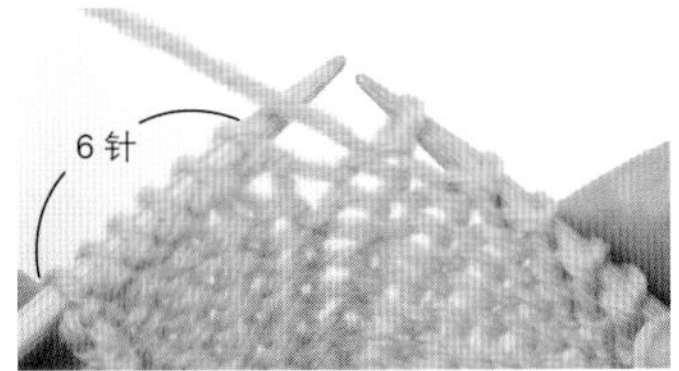

1 按照编织图，编织至留针 6 针的位置。

第 2 行（正面）

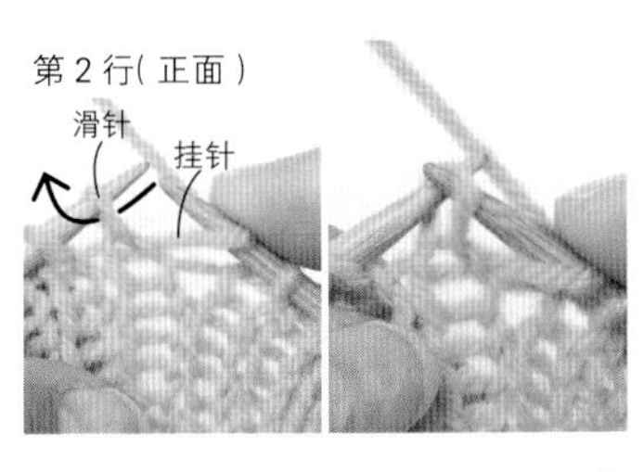

2 保留 6 针留针，翻至正面。编织挂针，下一针不编织，直接编织滑针。

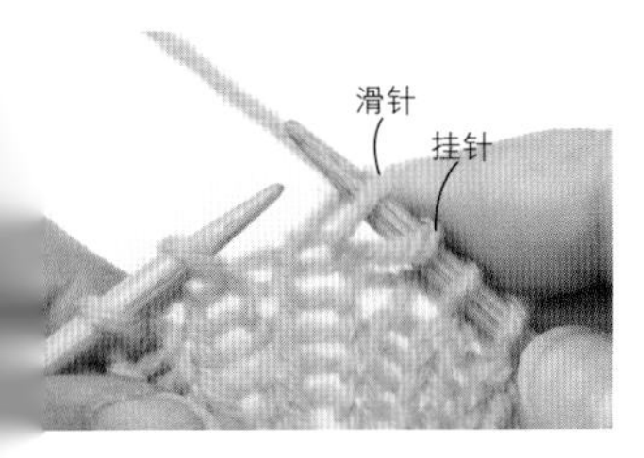

3 挂针和滑针编织好的样子。继续编织下针至一端。

第 3 行（背面）

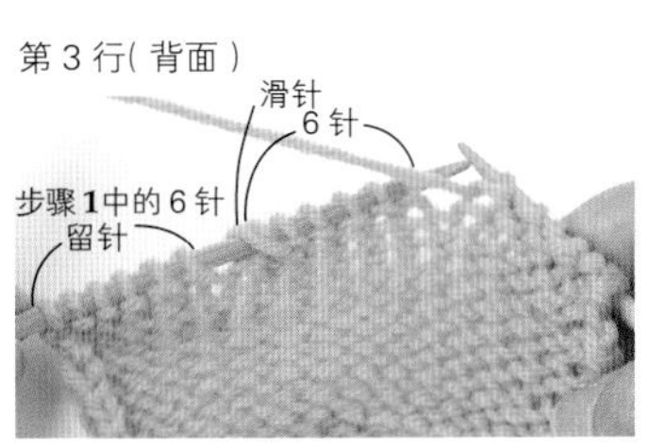

4 将织片翻面，编织好 6 针上针的样子。在步骤 **1** 中有 6 针留针，此处又有 6 针留针（这时挂针不计作 1 针）。

第 4 行（正面）

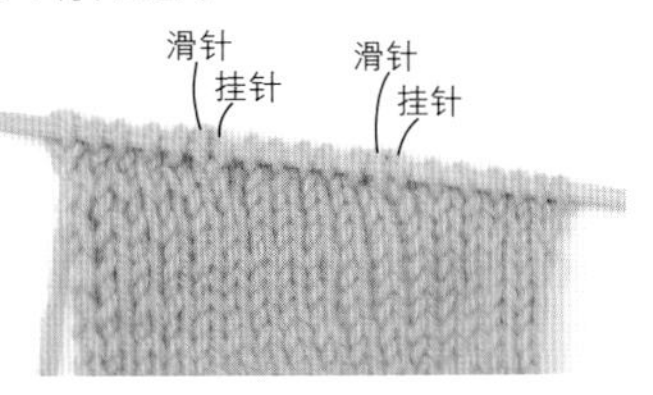

5 保留 12 针留针，按照与步骤 **2** 相同的方法，编织挂针和滑针后，编织下针至一端。

第 5 行 消行（背面）

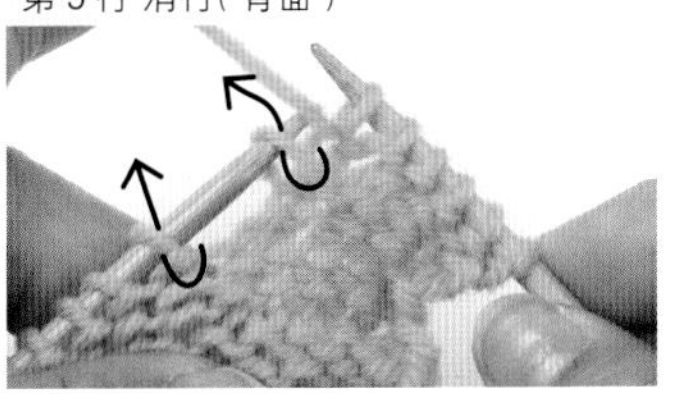

6 一边调整斜线，一边编织消行。从背面编织时，编织好滑针前的 6 针后，为了交换针目位置，需按照箭头方向入针。

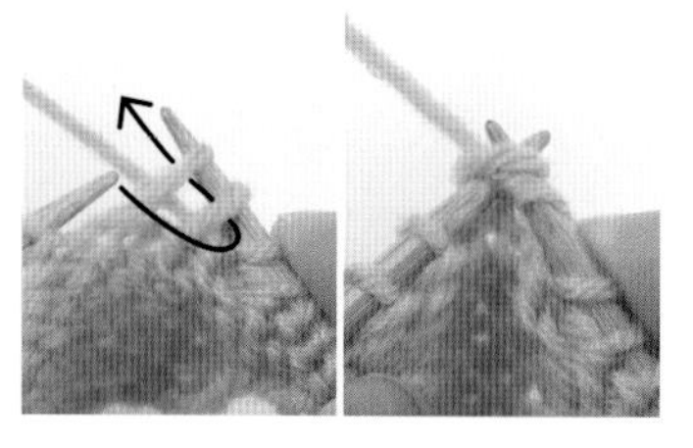

7 按照箭头方向，将左棒针插入移动后的针目中（左图）。将针目移至左棒针（右图为入针后的样子）。

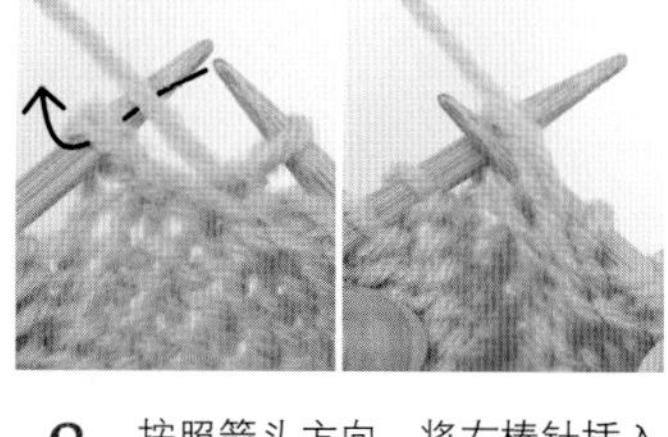

8 按照箭头方向，将右棒针插入移至左棒针上的2个针目中（左图），编织上针（右图为入针后的样子）。

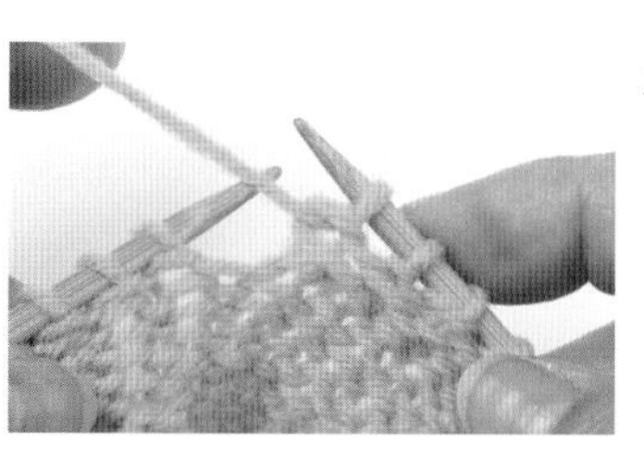

9 编织好上针2针并1针的样子。

10 剩余的针目也按照编织图进行编织，右肩第5行的消行就编织好了。

（左肩）

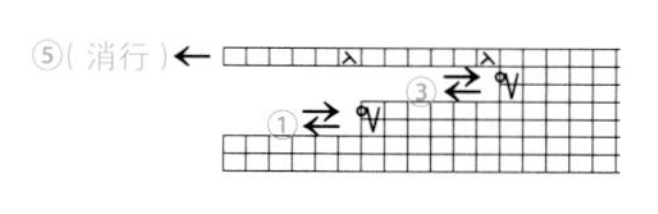

第1行（正面）

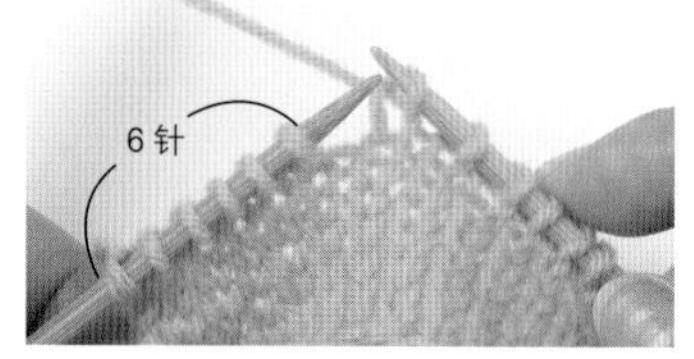

1 按照编织图，编织至留针6针的位置。

第2行（背面）

2 保留6针留针，翻至背面。编织挂针，下一针不编织，做滑针。图中为挂针和滑针编织好的样子。继续编织上针至一端。

第3行（正面）

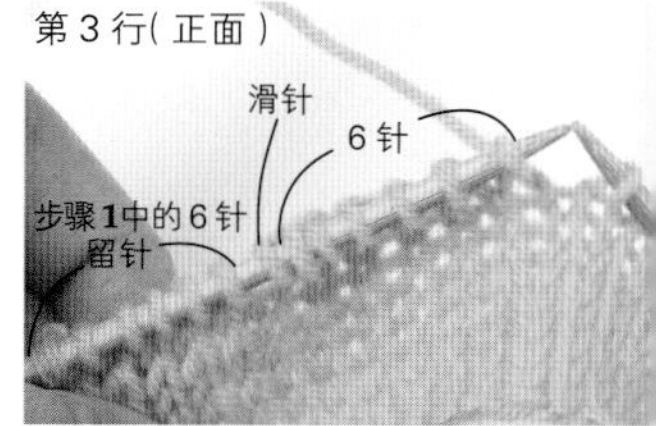

3 将织片翻至正面，编织6针下针。在步骤**1**中有6针留针，此处又有6针留针（这时挂针不计作1针）。

第4行（背面）

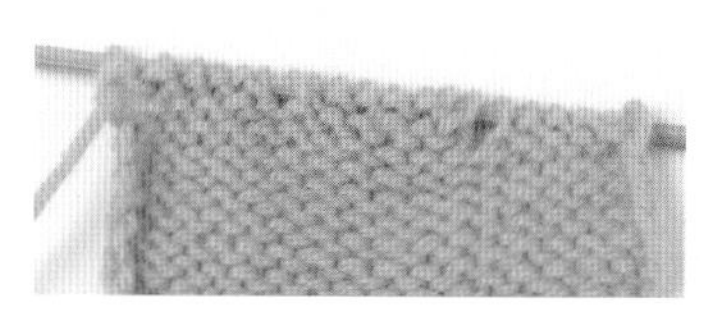

4 保留12针留针翻面，按照与步骤**2**相同的方法，编织挂针和滑针后，编织上针至一端。

第5行 消行（正面）

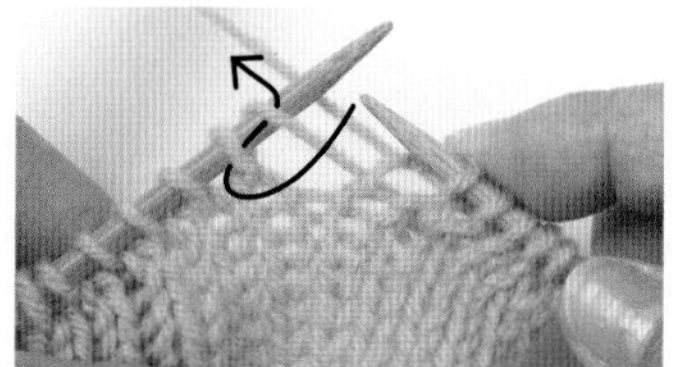

5 一边调整斜线，一边编织消行。编织好滑针前的6针后，按照箭头方向在挂针和下一针中入针，编织2针并1针。

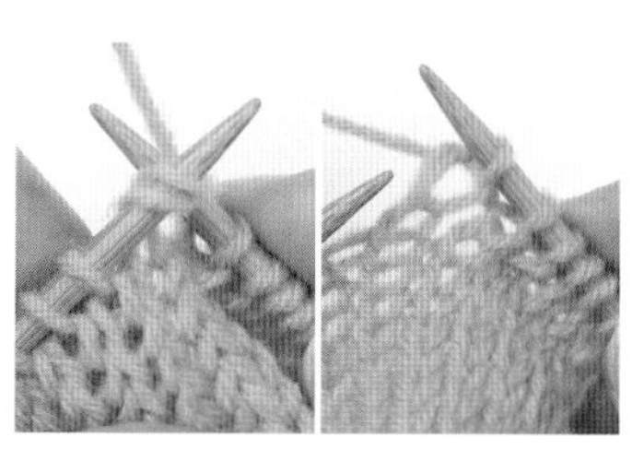

6 入针（左图），编织好了2针并1针的样子（右图）。

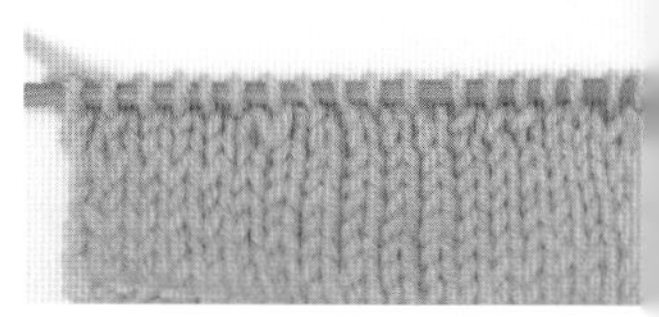

7 剩余的针目也按照编织图进行编织，左肩第5行的消行就织好了。

重点编织教程

f **前开襟刺绣马甲** 图片…*p.12、13* 制作方法…*p.39* ＊为了清晰易懂，更换了线的颜色进行制作说明。

手编纽扣的制作方法

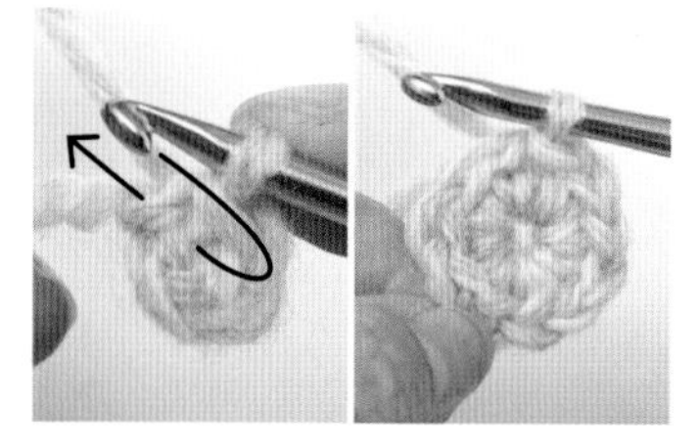

1 钩织好3针锁针后做引拔针，按照箭头方向，钩织10针短针（左图）。钩织好10针短针，在最初的针目中引拔后的样子（右图）。

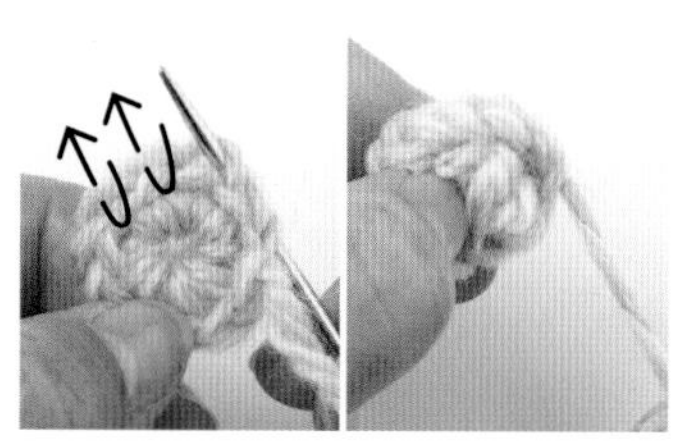

2 将线剪断，穿入手缝针中，然后将手缝针插入短针的外侧半针中，拉紧（左图）。这时，一边将编织起点的线裹进里面，一边拉紧线（右图）。

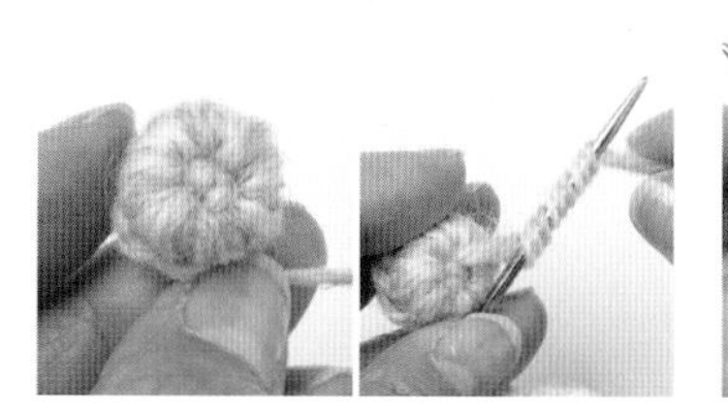

3 拉紧线后（左图），在中心刺绣绕3次线的法式结粒绣（右图）。

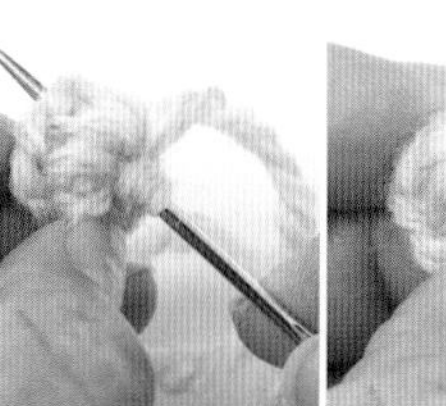

4 手编纽扣完成。

Material Guide

本书中使用的线材介绍

【和麻纳卡株式会社】

1
Sonomono Gran
羊毛80%、腈纶20%，50g/团，约50m，5色，
棒针15号至8mm，钩针7mm

2
Sonomono Alpaca Lily
羊毛80%、羊驼毛20%，40g/团，约120m，5色，
棒针8号～10号，钩针8/0号

3
Sonomono Alpaca Wool〈中粗〉
羊毛60%、羊驼毛40%，40g/团，约92m，5色，
棒针6号～8号，钩针6/0号

4
Sonomono Royal Alpaca
羊驼毛100%（使用皇家高级精细羊驼毛）、
25g/团，约105m，5色，棒针7号、8号，钩针6/0号

5
Sonomono Hairy
羊驼毛75%、羊毛25%，25g/团，约125m，6色，
棒针7号、8号，钩针6/0号

6
Men's Club Master
羊毛60%（使用防缩加工羊毛）、腈纶40%，50g/团，
约75m，26色，棒针10号～12号

7
Amerry
羊毛70%（新西兰美利奴）、腈纶30%，40g/团，约110m，52色，
棒针6号、7号，钩针5/0号、6/0号

8
Alpaca Mohair Fine
马海毛35%、腈纶35%、羊驼毛20%、羊毛10%，25g/团，
约110m，21色，棒针5号、6号，钩针4/0号

9
Dina
羊毛74%、羊驼毛14%、尼龙12%，40g/团，
约128m，21色，棒针6号、7号，钩针5/0号

* 线材介绍中从前至后依次为材质，规格，线长，色数，适合针号。
* 色数为2022年8月的数据。
* 因为是印刷品，所以可能会存在色差。

※ 图片为实物粗细

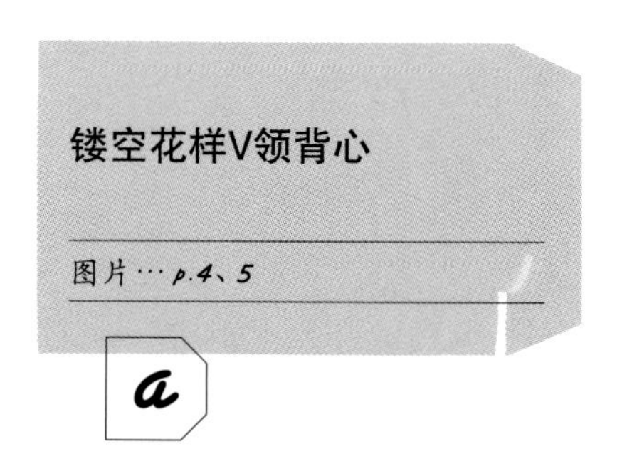

* 所需物品

a：Alpaca Mohair Fine / 白色（1）…120g

针

6 号棒针

编织密度（10cm×10cm 面积内）

编织花样 20 针，32 行

成品尺寸

胸围 110cm，衣长 43cm，肩背宽 55cm

* 编织方法

1 编织前、后身片

手指挂线起针，用单罗纹针开始编织。编织好 14 行后，加 1 针，做 52 行编织花样。然后两侧各编织 6 针起伏针，中间做编织花样，编织 74 行。前身片的领子用起伏针编织，一边减针一边编织。后身片的领子用单罗纹针编织。

2 组合肩部、两肋

肩部做盖针接合，两肋做挑针缝合。

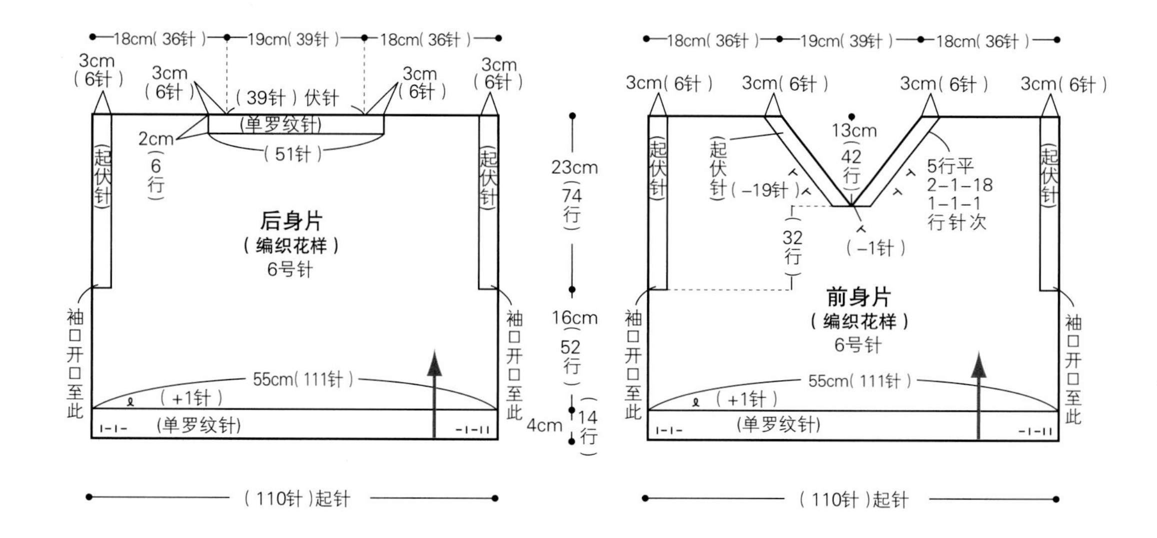

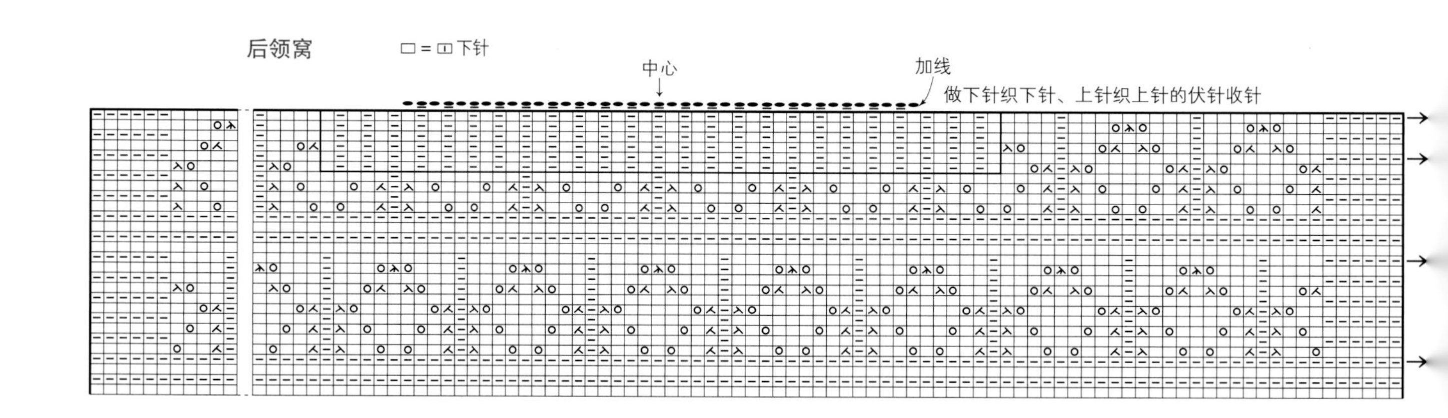

前身片

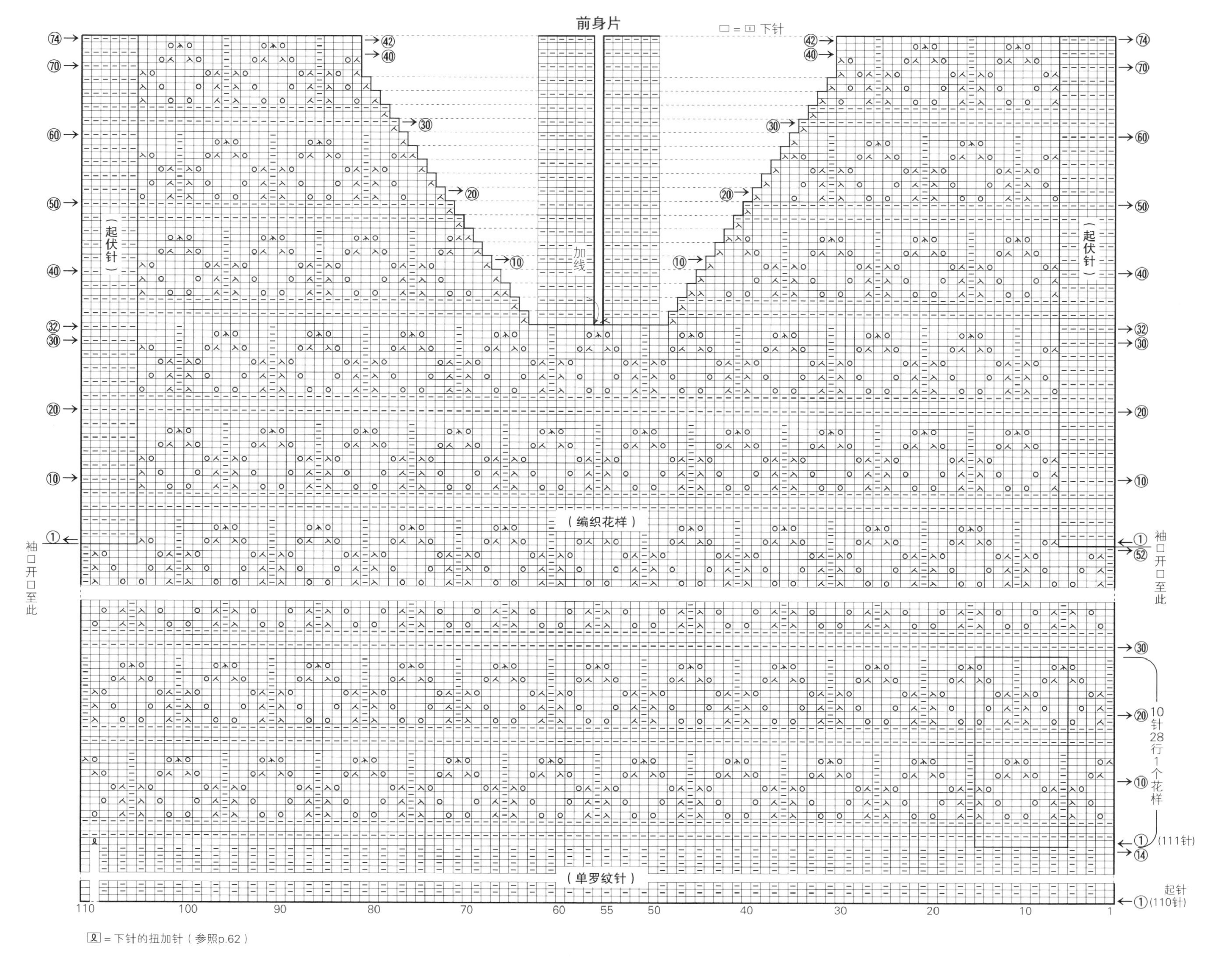

又 = 下针的扭加针（参照p.62）

高领长款背心裙

图片…p.6、7

b

*所需物品

b：和麻纳卡 Amerry ／浅蓝色（29）…415g

针

7 号棒针

编织密度（10cm×10cm 面积内）

编织花样 22 针，26 行

成品尺寸

胸围 100cm，衣长 88cm，肩背宽 50cm

*编织方法

1 编织前、后身片

手指挂线起针，两侧各编织 4 针起伏针，中间做编织花样。前、后身片在编织领窝的减针后暂时休针。

2 组合肩部、两胁

肩部做盖针接合，两胁做挑针缝合。

3 编织领子

从领窝处挑针，使用 4 根棒针，编织 62 行双罗纹针，做下针织下针、上针织上针的伏针收针。

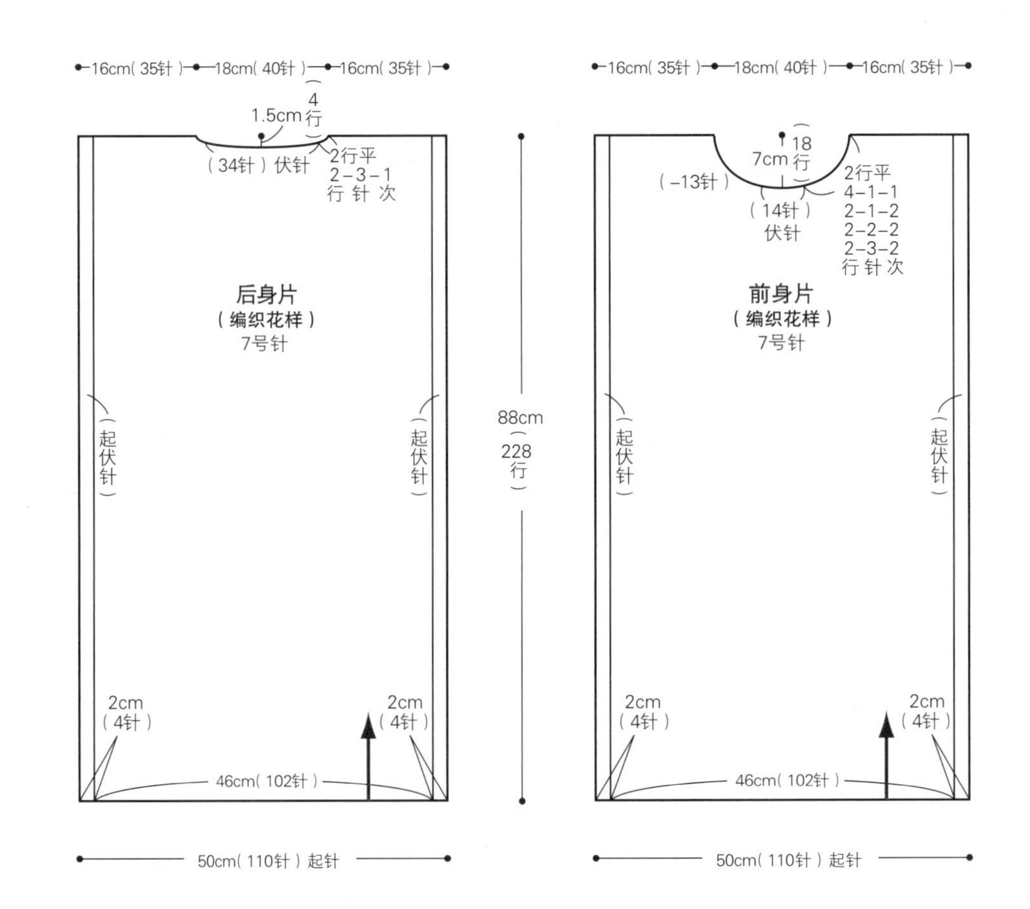

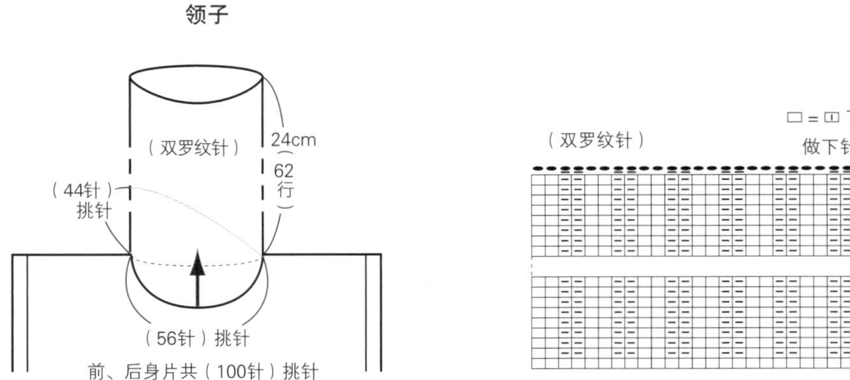

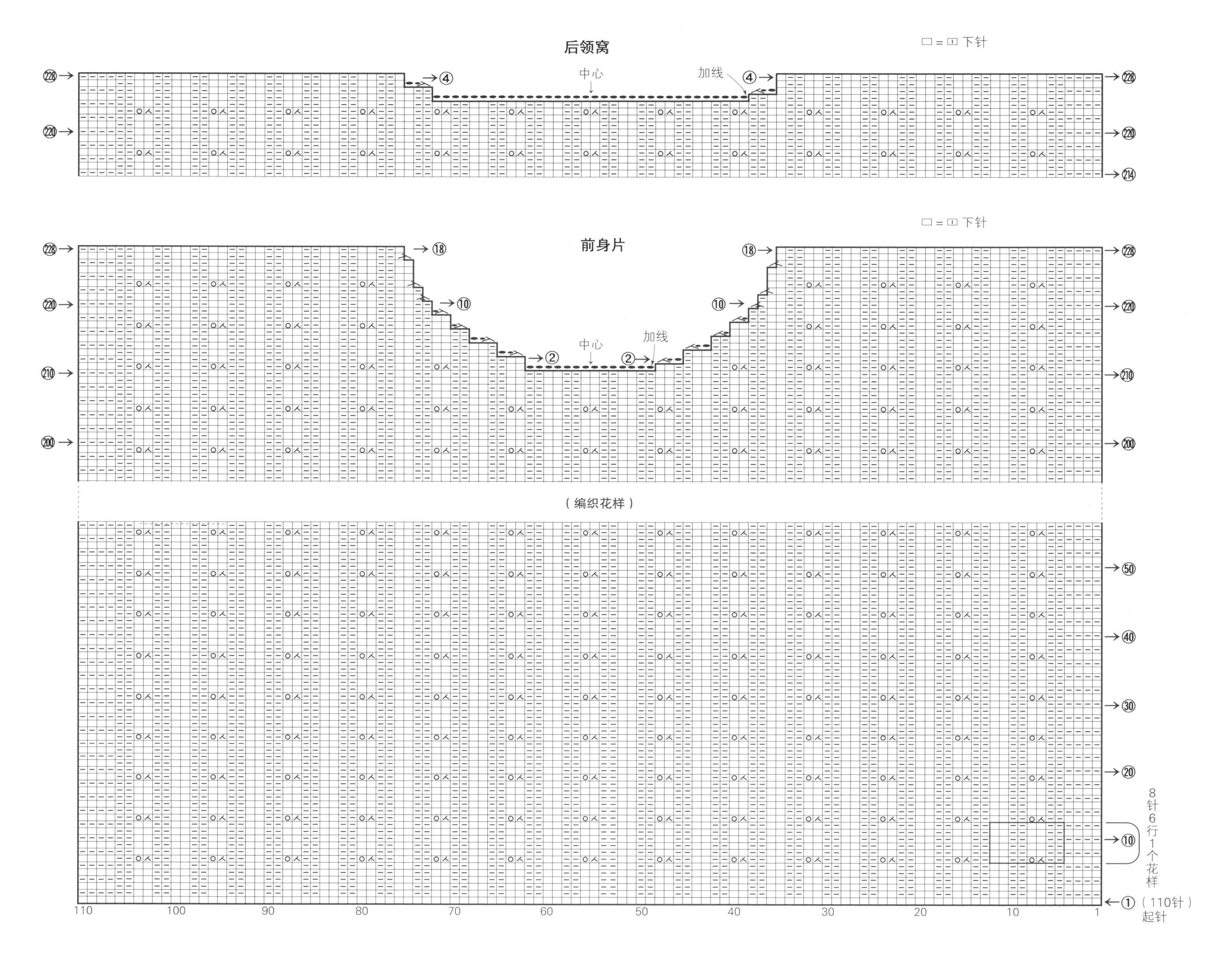
后领窝
□ = ⊡ 下针
中心
加线
前身片
□ = ⊡ 下针
中心
加线
（编织花样）
8针6行1个花样
（110针）起针

配色花样后开襟马甲

图片…p.8、9

c d

＊所需物品

c：Sonomono Hairy ／米色（122）…118g、炭灰色（126）…65g

d：Amerry ／灰色（22）…240g、芥末黄色（3）…122g

针

c：7 号、5 号棒针

d：6 号、4 号棒针

编织密度（10cm×10cm 面积内）

c：配色花样 21 针，23.5 行

d：配色花样 21 针，24.5 行

成品尺寸

c：胸围 106cm，衣长 62.5cm，肩背宽 58.5cm

d：胸围 106cm，衣长 60cm，肩背宽 58cm

＊编织方法 ※ 除指定外，均为 c、d 通用的编织方法

1 编织左、右后身片和前身片
手指挂线起针，用指定颜色的线编织 12 行单罗纹针，继续编织配色花样。编织领窝的减针后暂时休针。

2 编织左、右后身片的边缘编织
从左、右后身片的中心挑针，编织单罗纹针。编织终点用单罗纹针收针。

3 接合肩部，编织领子
肩部做盖针接合。编织领子时，按照编织图将右后身片重叠在左后身片上，挑针编织单罗纹针。编织终点用单罗纹针收针。

4 编织袖口
挑起袖窿的针目，往返编织单罗纹针，然后用单罗纹针收针。

5 缝合两肋和袖下
将两肋和袖下的边缘编织分别做挑针缝合。

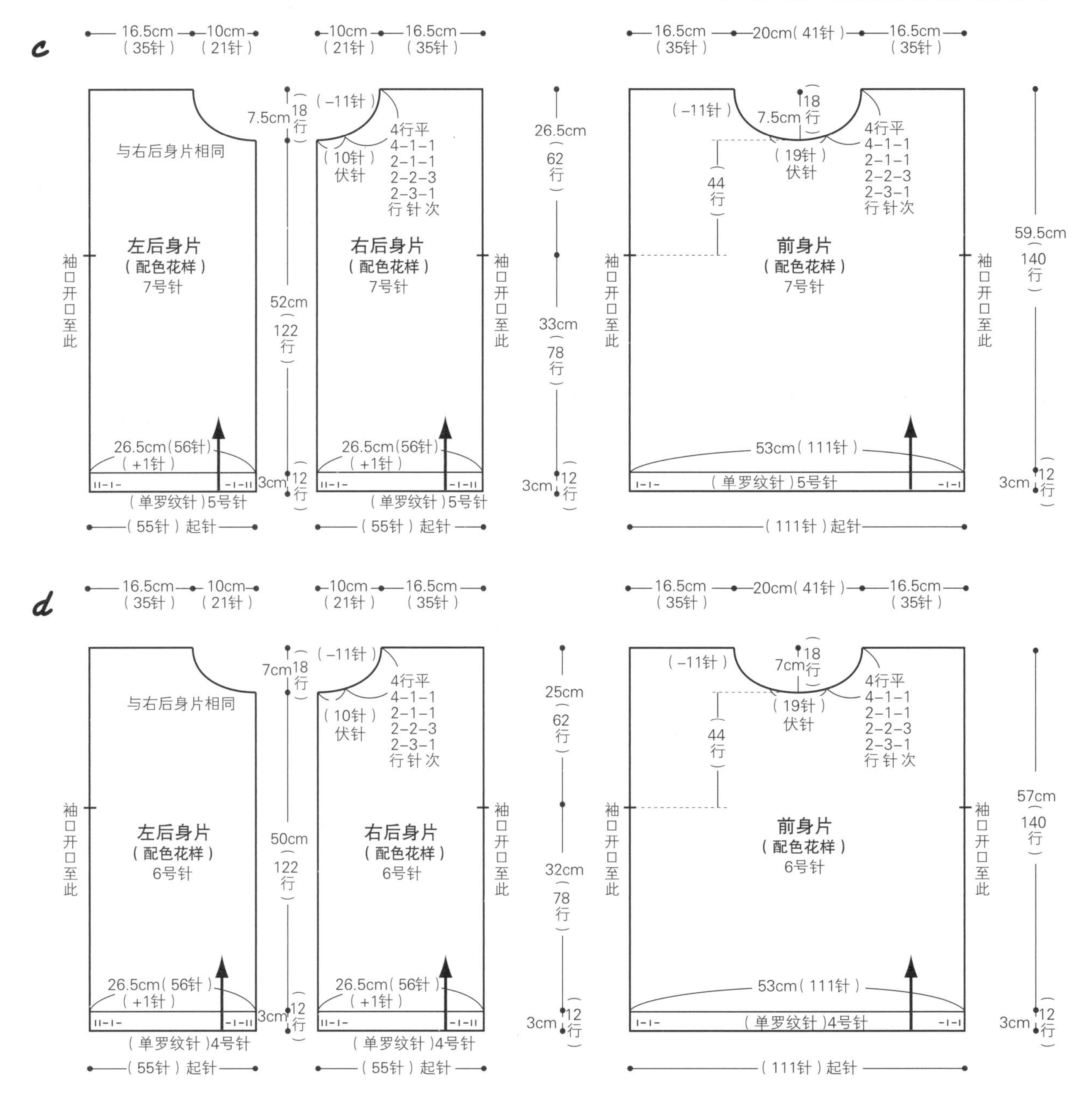

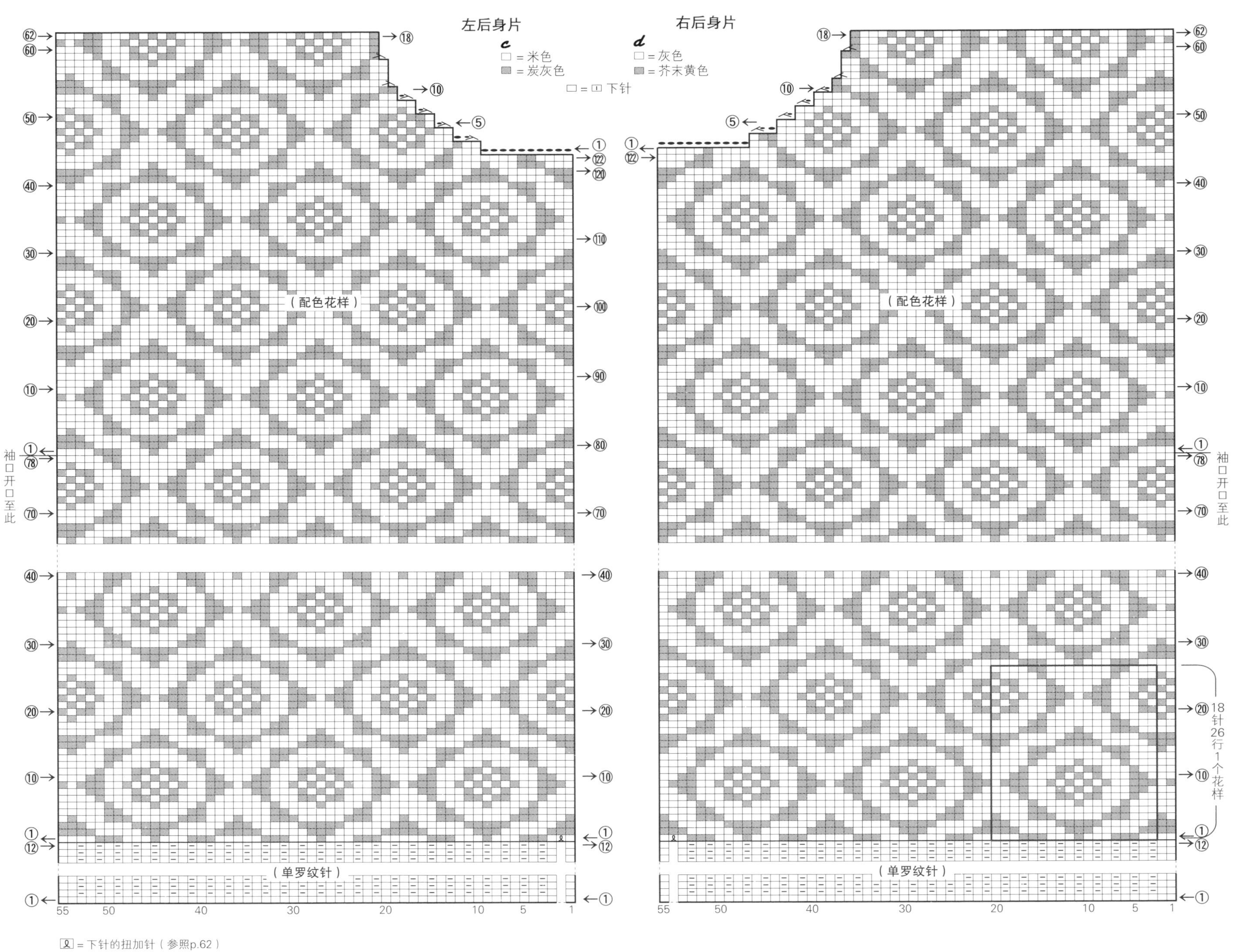

ㄡ＝下针的扭加针（参照p.62）

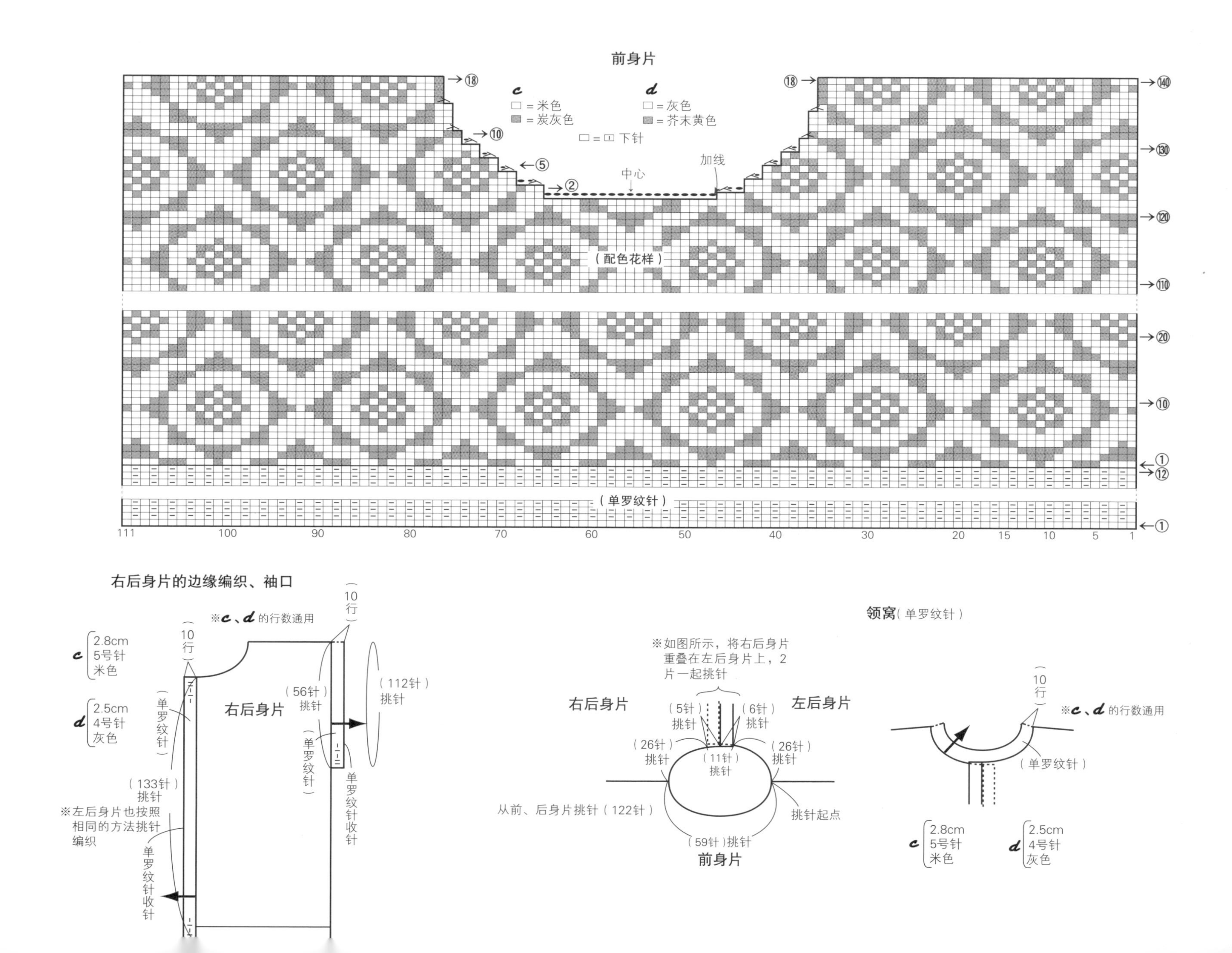

前身片
c
□ = 米色
■ = 炭灰色
d
□ = 灰色
■ = 芥末黄色
□ = ⊟ 下针
加线
中心
（配色花样）
（单罗纹针）
右后身片的边缘编织、袖口
※c、d 的行数通用
c 2.8cm 5号针 米色
d 2.5cm 4号针 灰色
10行
右后身片
（56针）挑针
（112针）挑针
单罗纹针
单罗纹针收针
（133针）挑针
※左后身片也按照相同的方法挑针编织
领窝（单罗纹针）
※如图所示，将右后身片重叠在左后身片上，2片一起挑针
右后身片
左后身片
（5针）挑针
（6针）挑针
（26针）挑针
（11针）挑针
从前、后身片挑针（122针）
挑针起点
（59针）挑针
前身片

前开襟刺绣马甲

图片/重点编织教程…p.12、13/p.30

＊所需物品

f：Sonomono Alpaca Wool〈中粗〉/ 棕色（63）…245g

Amerry / 灰调玫瑰色（26）…10g，橄榄绿色（38）、开心果色（48）、酒红色（19）…各 5g

针

6 号、4 号棒针，8/0 号钩针

编织密度（10cm×10cm 面积内）

下针编织 21 针，26 行

成品尺寸

胸围 92.5cm，衣长 53.5cm，肩背宽 37.5cm

＊编织方法

1 编织后身片
手指挂线起针，编织 8 行变化的罗纹针，继续做下针编织，袖窿、领窝处一边减针一边编织。在编织终点暂时休针。

2 编织左、右前身片
手指挂线起针，右前身片编织时需加入前门襟和扣眼，左前身片编织时需加入前门襟，同时做袖窿、领窝的减针。在领窝减针时，前门襟部分的 7 针暂时休针，继续编织至肩部。

3 组合肩部、两胁
肩部做盖针接合，两胁做挑针缝合。

4 编织领子和袖口
编织领子时，需先从编织身片时休针的前门襟部分挑针，再继续从领窝挑针，编织双罗纹针。袖口也按照指定针数挑针，编织双罗纹针。编织终点做伏针收针。

5 制作手编纽扣
制作手编纽扣（参照 p.30），刺绣后完成。

6 刺绣
将复印刺绣图案的和纸暂时固定在身片上，刺绣完成后去掉。

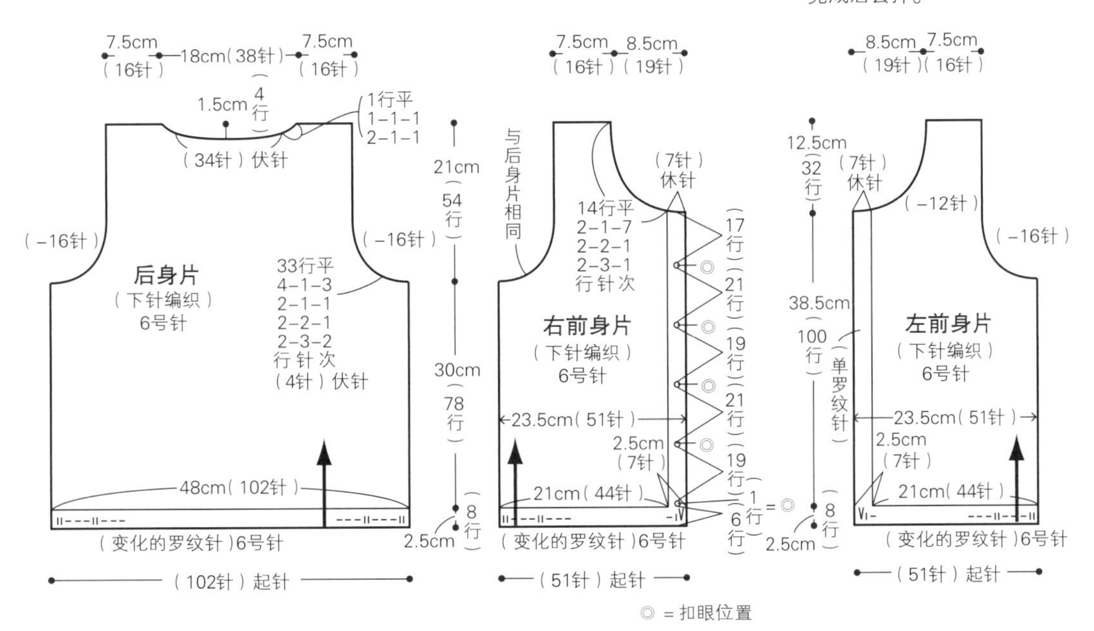

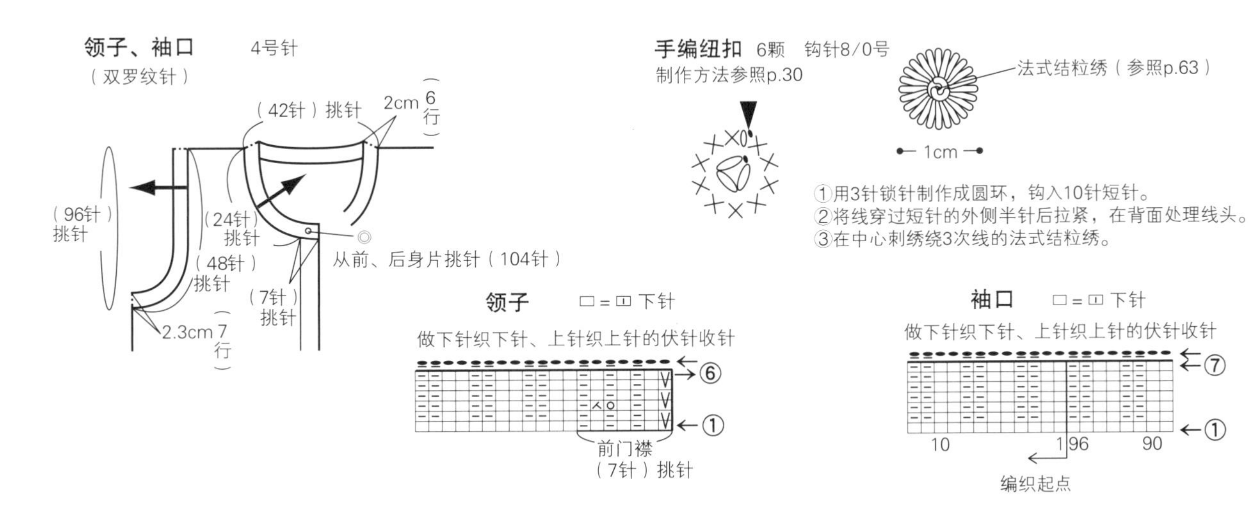

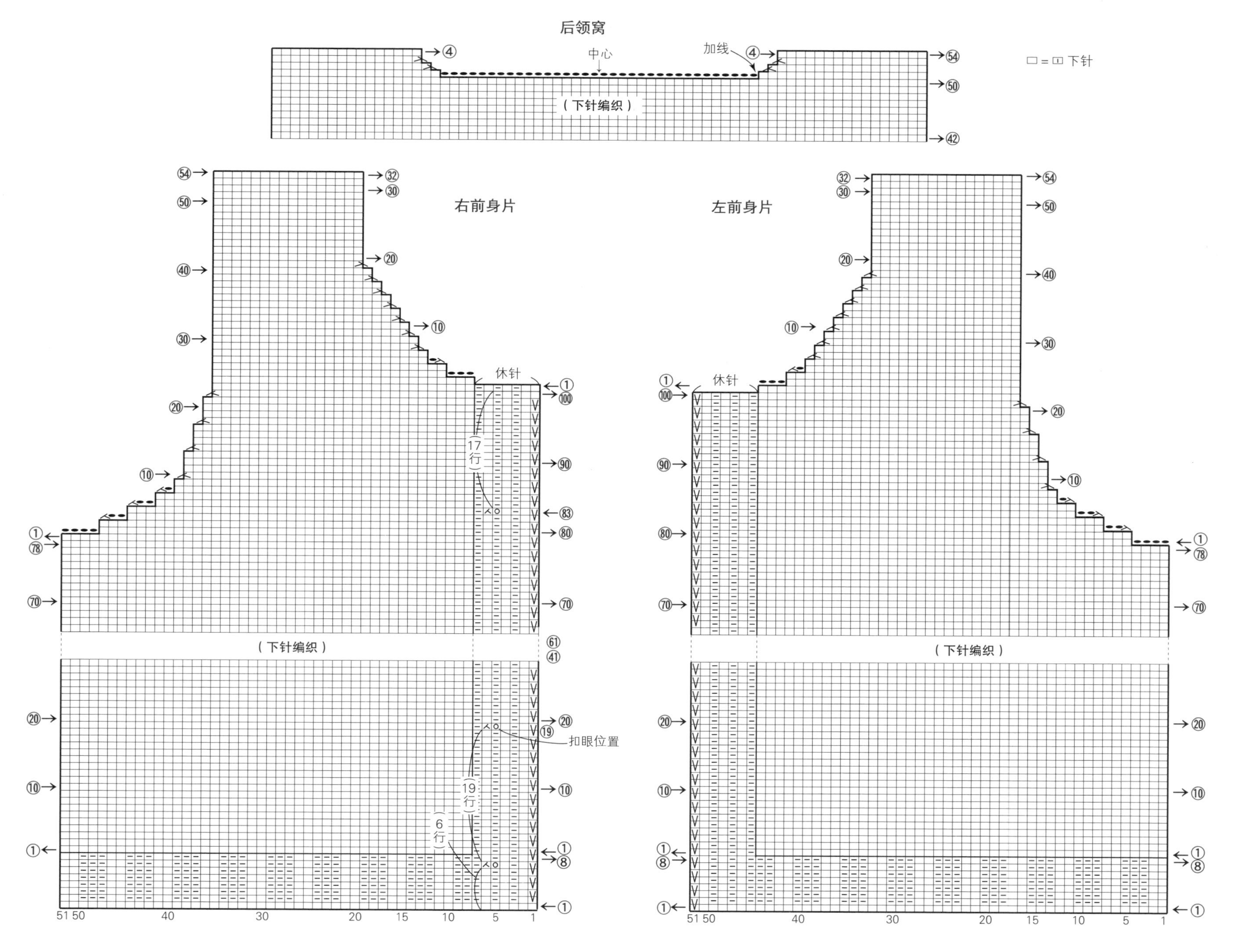

后领窝
中心
加线
（下针编织）
□=□下针
右前身片
左前身片
休针
17行
19行
6行
扣眼位置
（下针编织）
（下针编织）

刺绣图案（50%）

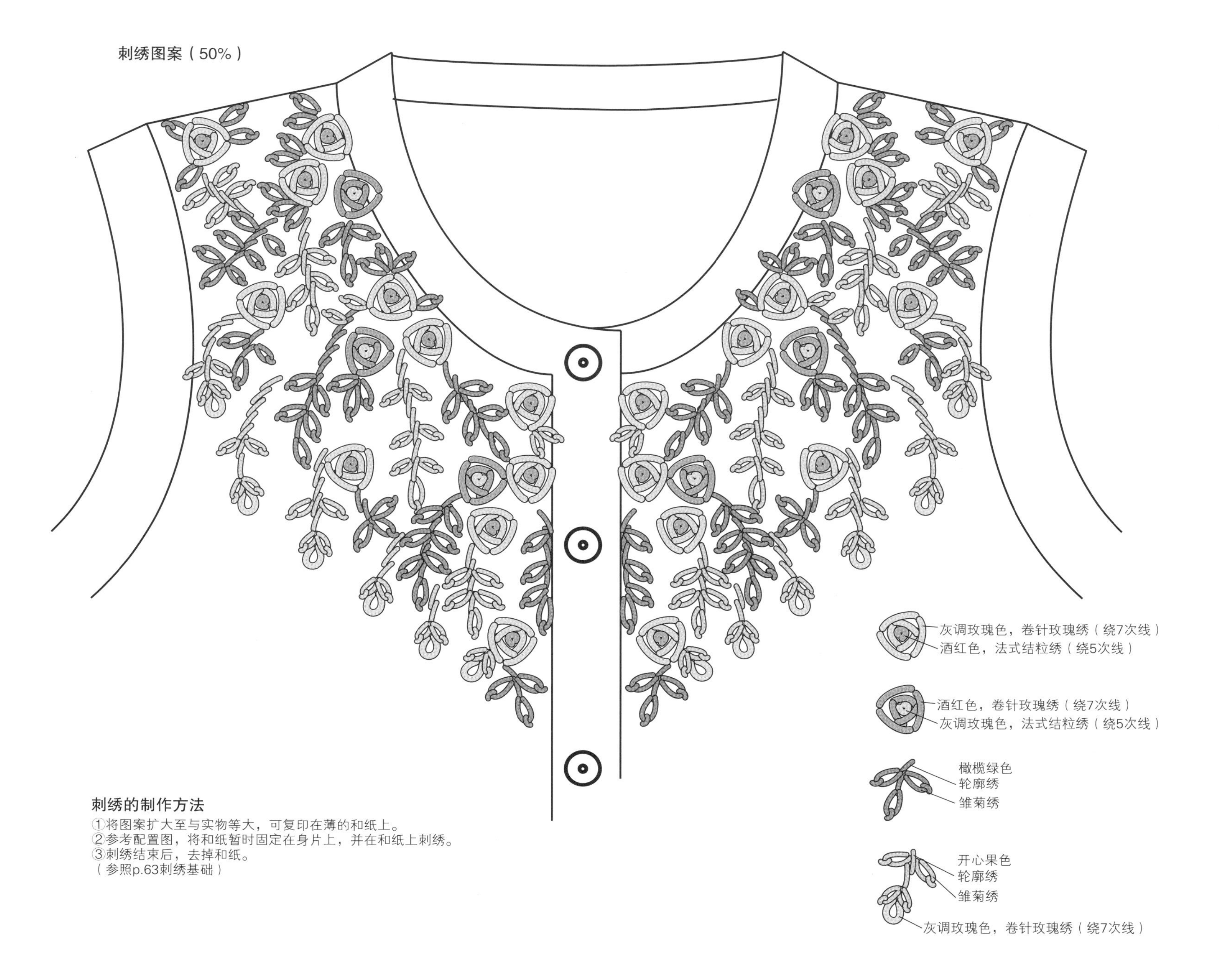

刺绣的制作方法

①将图案扩大至与实物等大，可复印在薄的和纸上。
②参考配置图，将和纸暂时固定在身片上，并在和纸上刺绣。
③刺绣结束后，去掉和纸。
（参照p.63刺绣基础）

阿兰花样和配色花样的两穿背心

图片… p.10、11

*所需物品

ε：Sonomono Alpaca Wool〈中粗〉/ 白色（61）…285g、灰色（65）…95g

针

6 号棒针

编织密度（10cm×10cm 面积内）

编织花样 28 针，26.5 行

配色花样 24.5 针，26 行

成品尺寸

胸围 102cm，衣长 52.5cm，肩背宽 58cm

*编织方法

1 编织身片 B

使用白色线，手指挂线起针，编织 12 行配色双罗纹针。然后加 1 针，无加减针地编织配色花样后，编织斜肩。继续编织 8 行领子部分，然后暂时休针。

2 编织身片 A

使用白色线，手指挂线起针，编织 12 行配色双罗纹针。然后加 21 针，无加减针地做编织花样后，编织斜肩。在斜肩部的消行 1 行中，需减 5 针以对应身片 A 的针数。编织 8 行领子部分，然后暂时休针。

3 组合肩部、两胁

肩部做盖针接合，领子的 8 行分别在两侧做挑针缝合。

4 编织领子和袖口

编织领子时，需在身片 A、B 上减少指定针数并挑针，环形编织 5 行配色双罗纹针。编织终点用白色线做下针织下针、上针织上针的伏针收针。编织袖口时，从袖窿上挑针，编织配色双罗纹针，用白色线做下针织下针、上针织上针的伏针收针。两胁和袖下分别做挑针缝合。

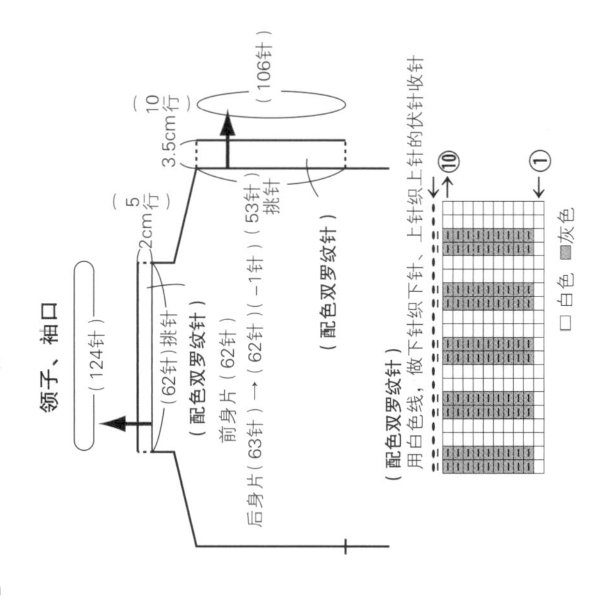

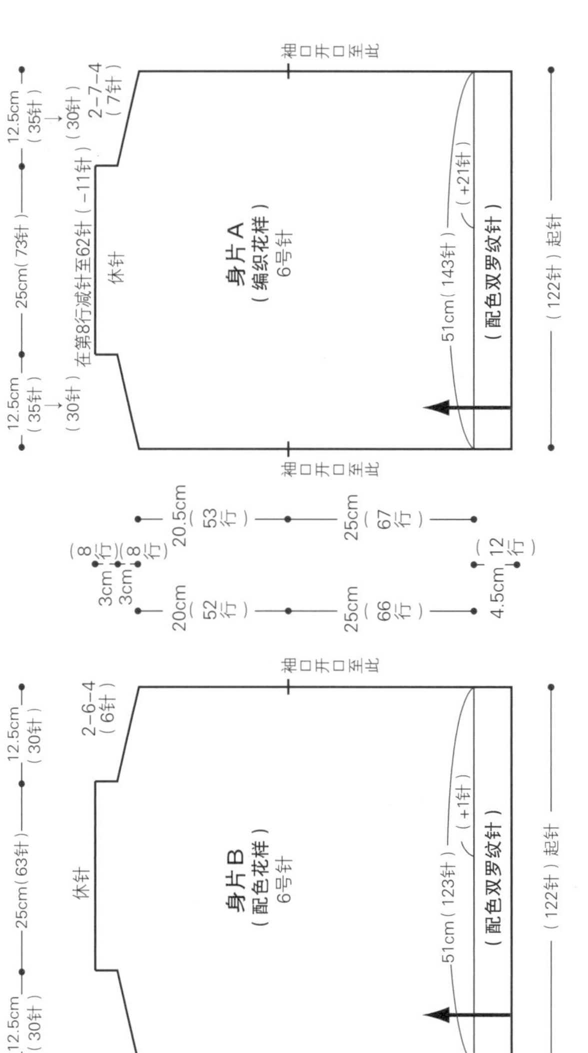

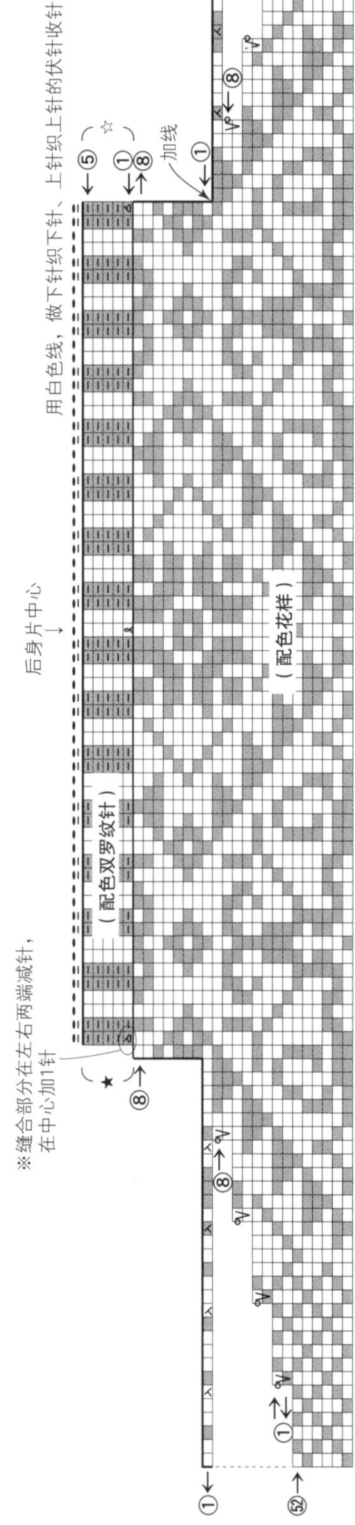

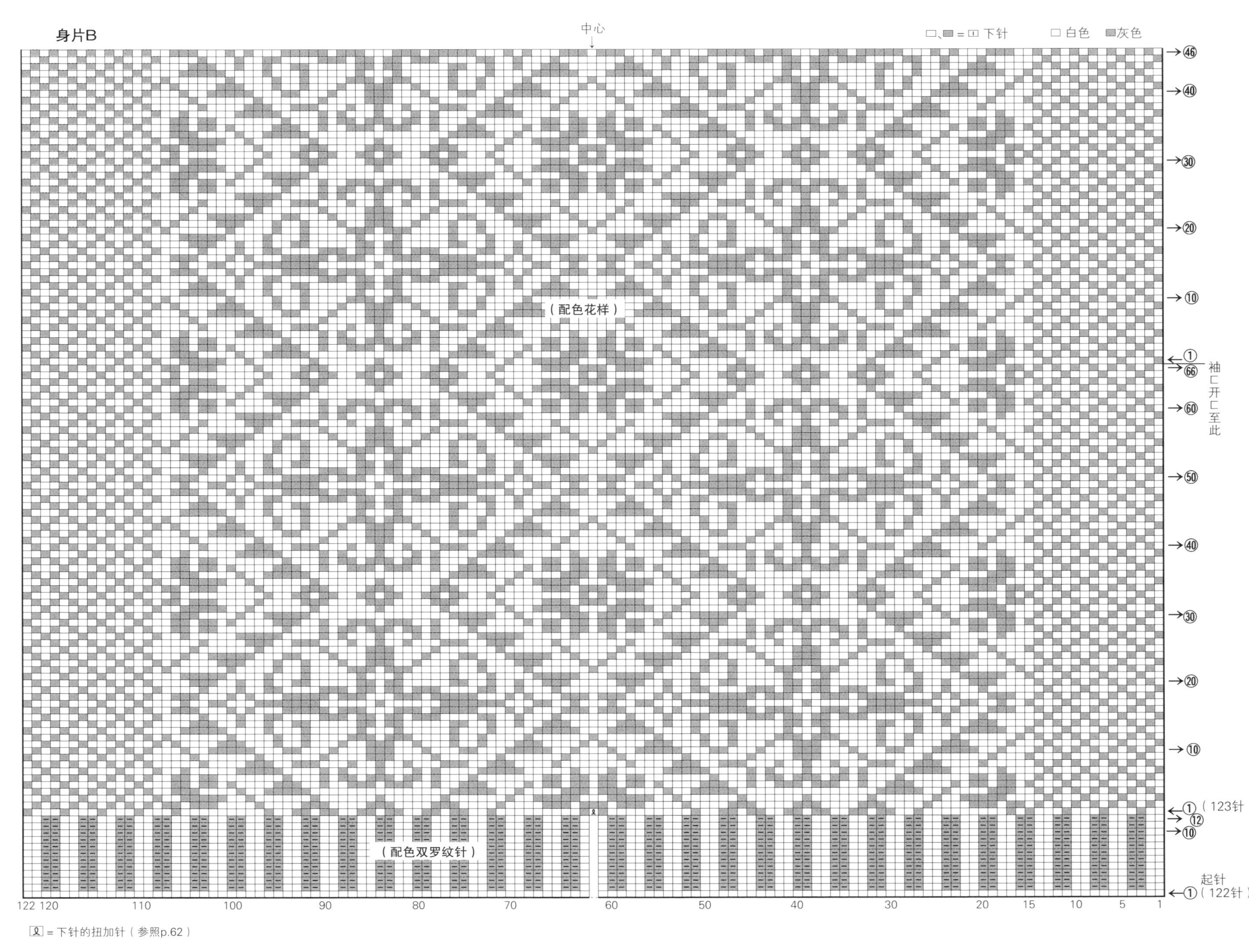

身片B
中心
□、▩ = ⊡ 下针
□ 白色
▩ 灰色
（配色花样）
（配色双罗纹针）
袖口开口至此
起针
（122针）
（123针）
☒ = 下针的扭加针（参照p.62）

身片A(右侧)

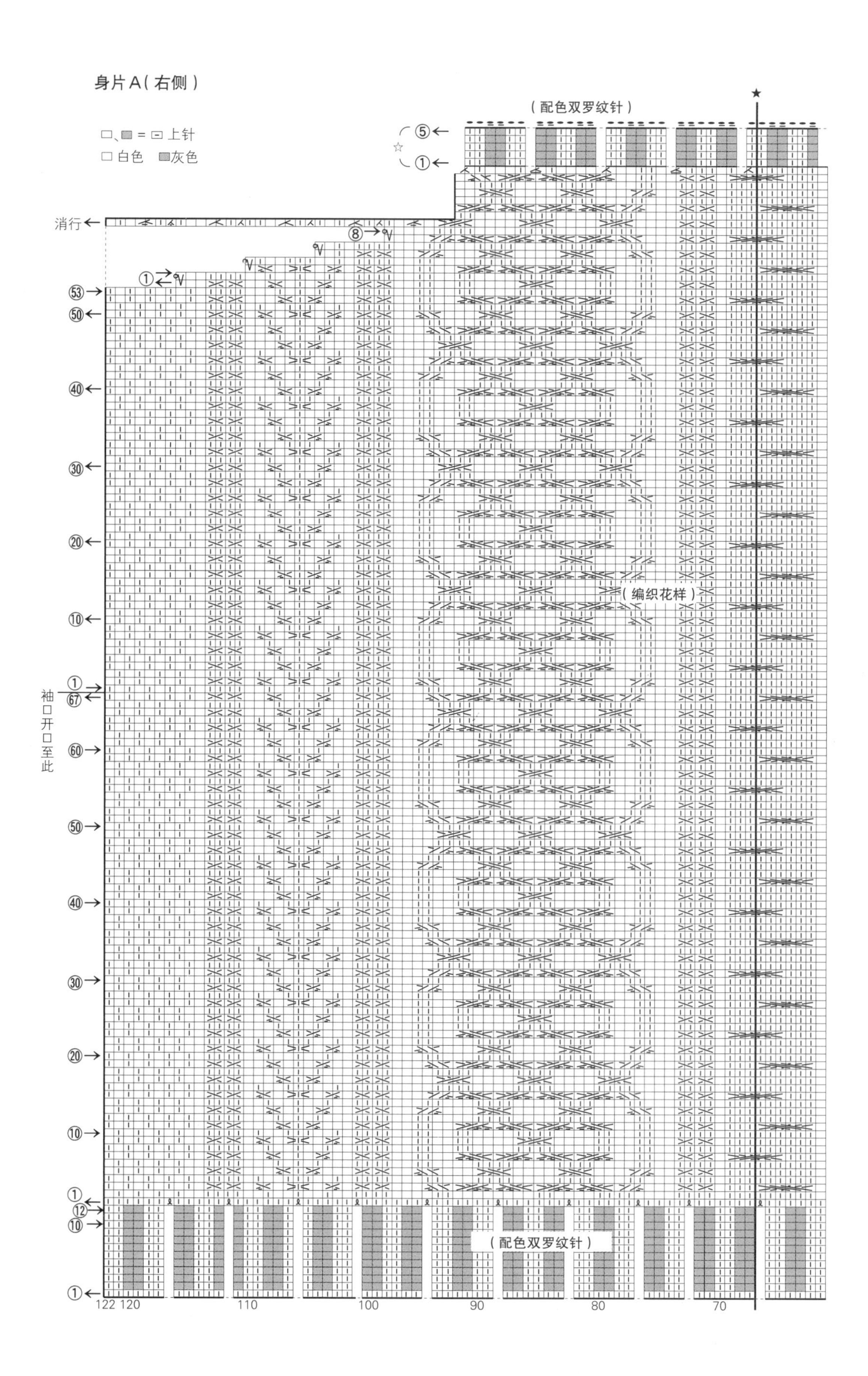

□、▨ = ⊟ 上针
□ 白色 ▨灰色
(配色双罗纹针)
⑤←
☆
①←
★
消行←
⑧→
①
53→
50←
40←
30←
20←
10←
①
67
袖口开口至此
60→
50→
40→
30→
20→
10→
①
⑫
⑩
①←
(编织花样)
(配色双罗纹针)
122 120
110
100
90
80
70

身片A（左侧）

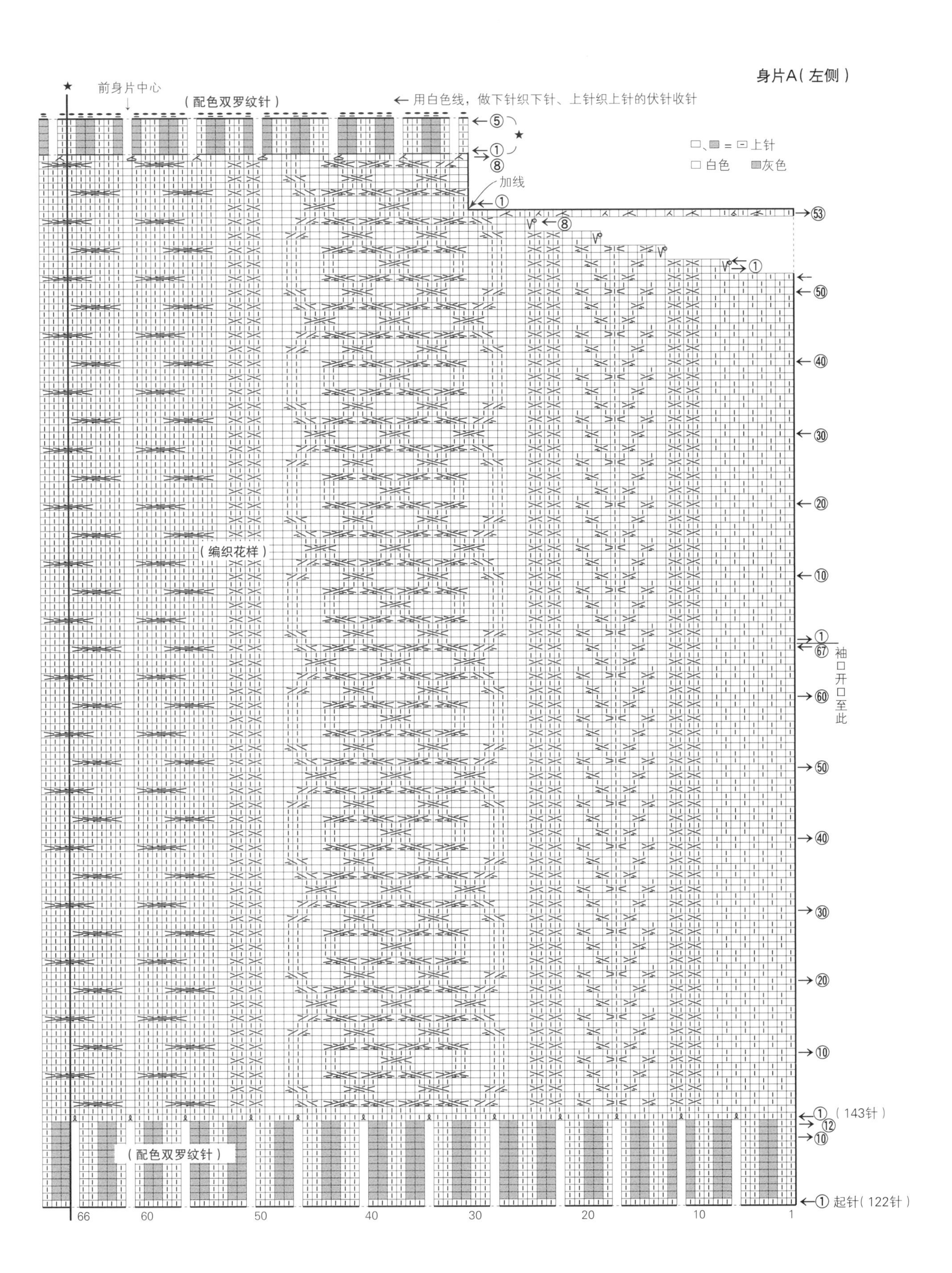

前身片中心
（配色双罗纹针）
← 用白色线，做下针织下针、上针织上针的伏针收针
⑤
①
⑧
加线
①
53
⑧
①
50
40
30
20
（编织花样）
10
①
67
袖口开口至此
60
50
40
30
20
10
①（143针）
12
10
（配色双罗纹针）
①起针（122针）
66
60
50
40
30
20
10
1
□、▩ = ⊟ 上针
□ 白色 ▩ 灰色

格子风马甲

图片… p.14、15

g

＊所需物品

g：Sonomono Alpaca Lily ／米色（112）…241g

针

10 号棒针

编织密度（10cm×10cm 面积内）

编织花样 25 针，26 行

成品尺寸

胸围 97cm，衣长 46cm，肩背宽 54.5cm

＊编织方法

1 编织后身片

手指挂线做 120 针起针，编织 18 行单罗纹针。然后加 1 针，按照编织花样无加减针地做 104 行编织花样，只在领子开口部分做伏针收针。

2 编织前身片

手指挂线做 120 针起针，编织 18 行单罗纹针。然后加 1 针，做编织花样。最后一边做领窝的减针一边做编织花样。

3 组合肩部、两肋

肩部做盖针接合，两肋做挑针缝合。

4 编织领子和袖口

领子和袖口编织单罗纹针，做下针织下针、上针织上针的伏针收针。

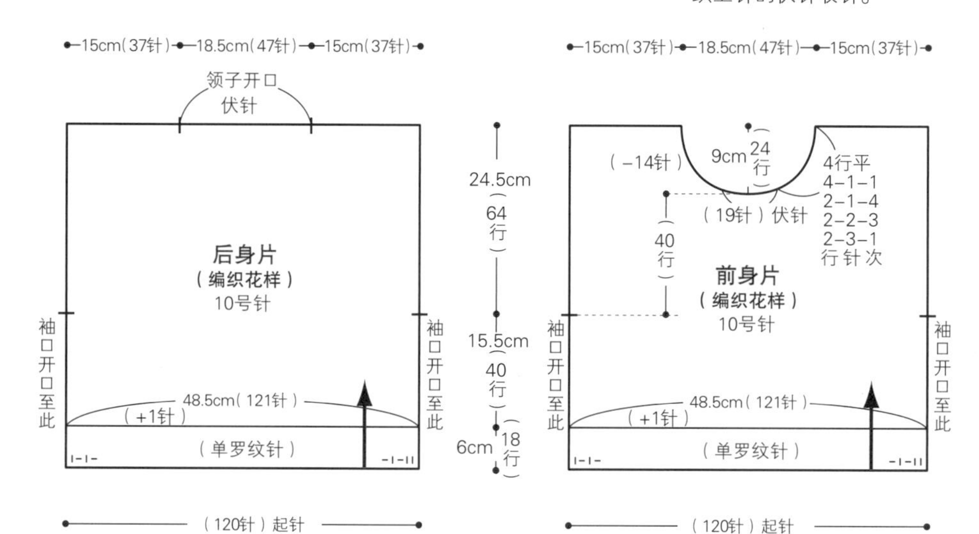

领子、袖口（单罗纹针）

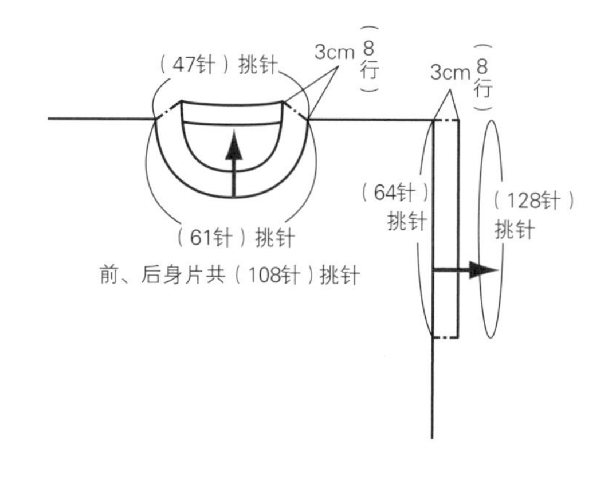

后领窝

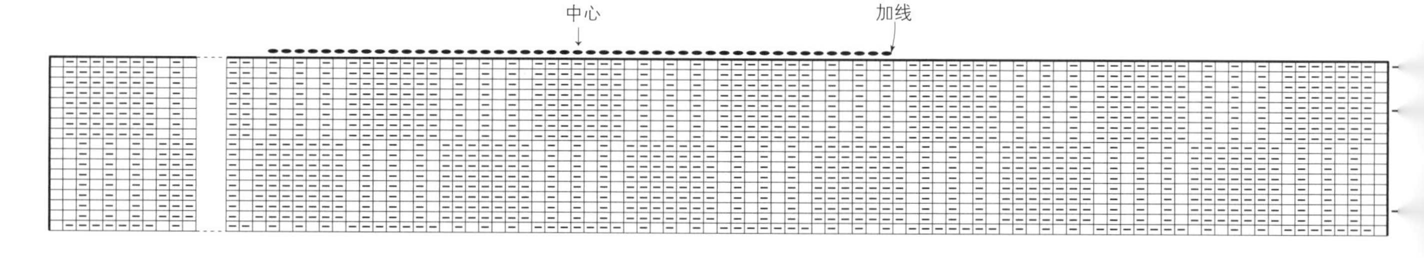

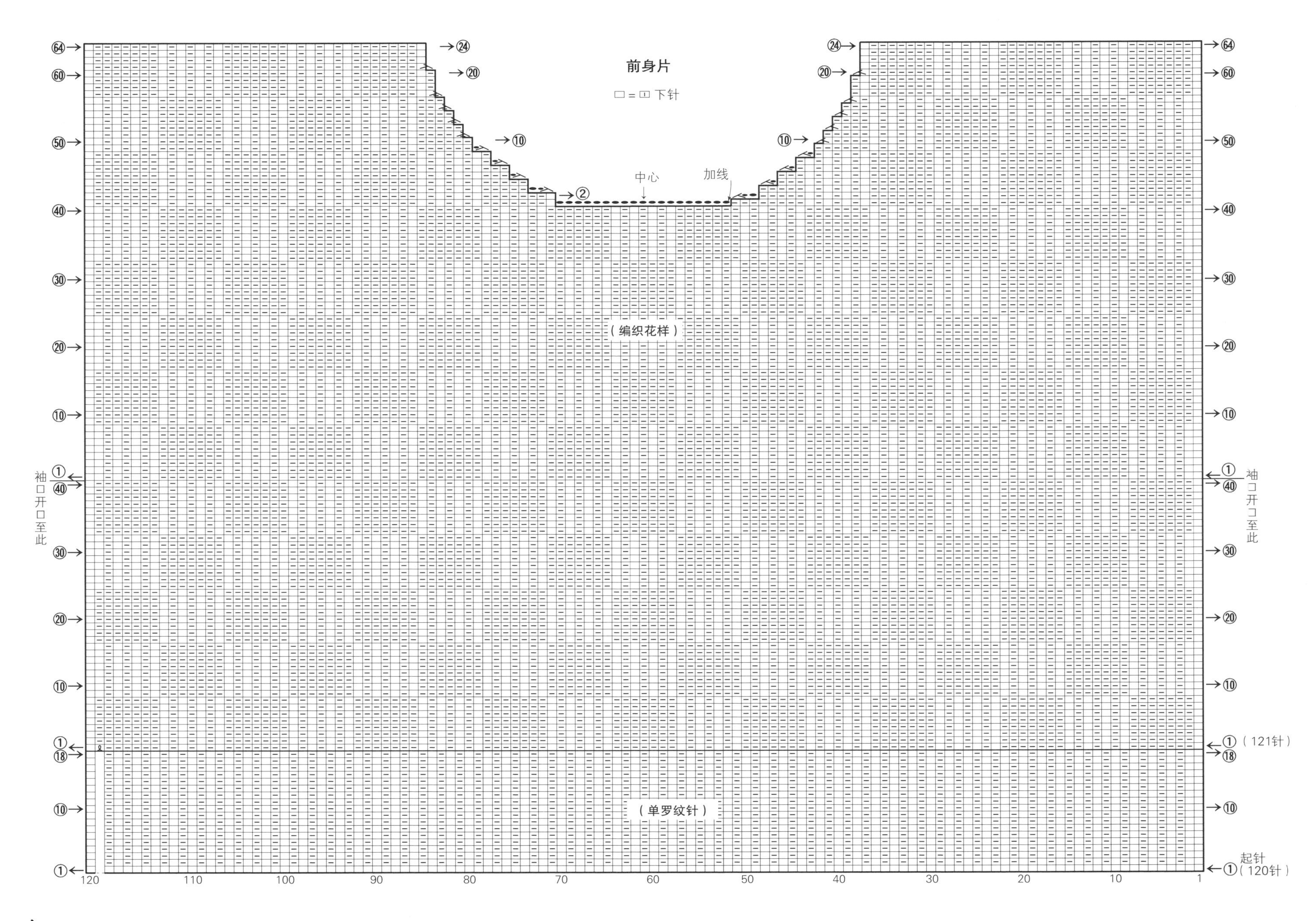
前身片
□=□ 下针
中心
加线
（编织花样）
（单罗纹针）
袖口开口至此
袖口开口至此
（121针）
起针
（120针）

接p.50

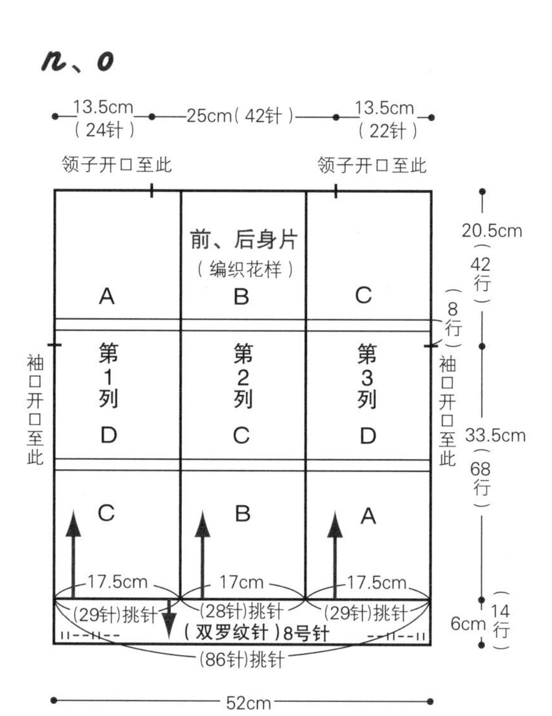

※图中为去掉了接缝缝份的尺寸（两肋除外）

领子、袖口（双罗纹针）

※n用褐色线，o用藏青色线编织

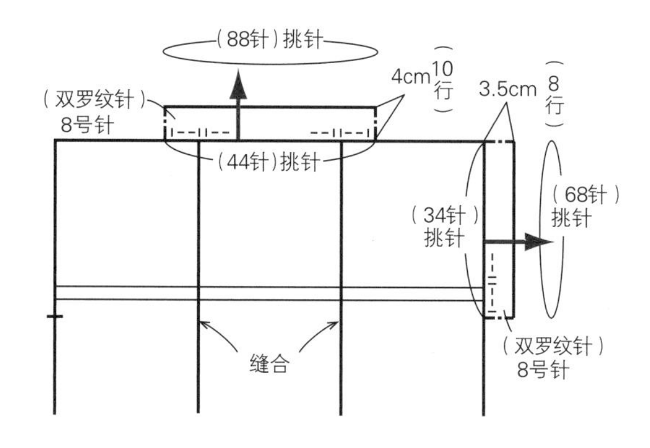

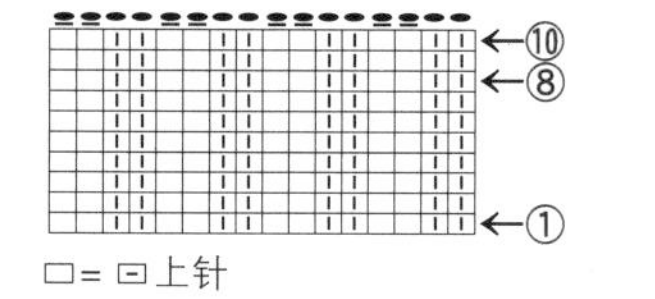

n、o

※n用褐色线，o用指定颜色的线编织

第1列编织花样

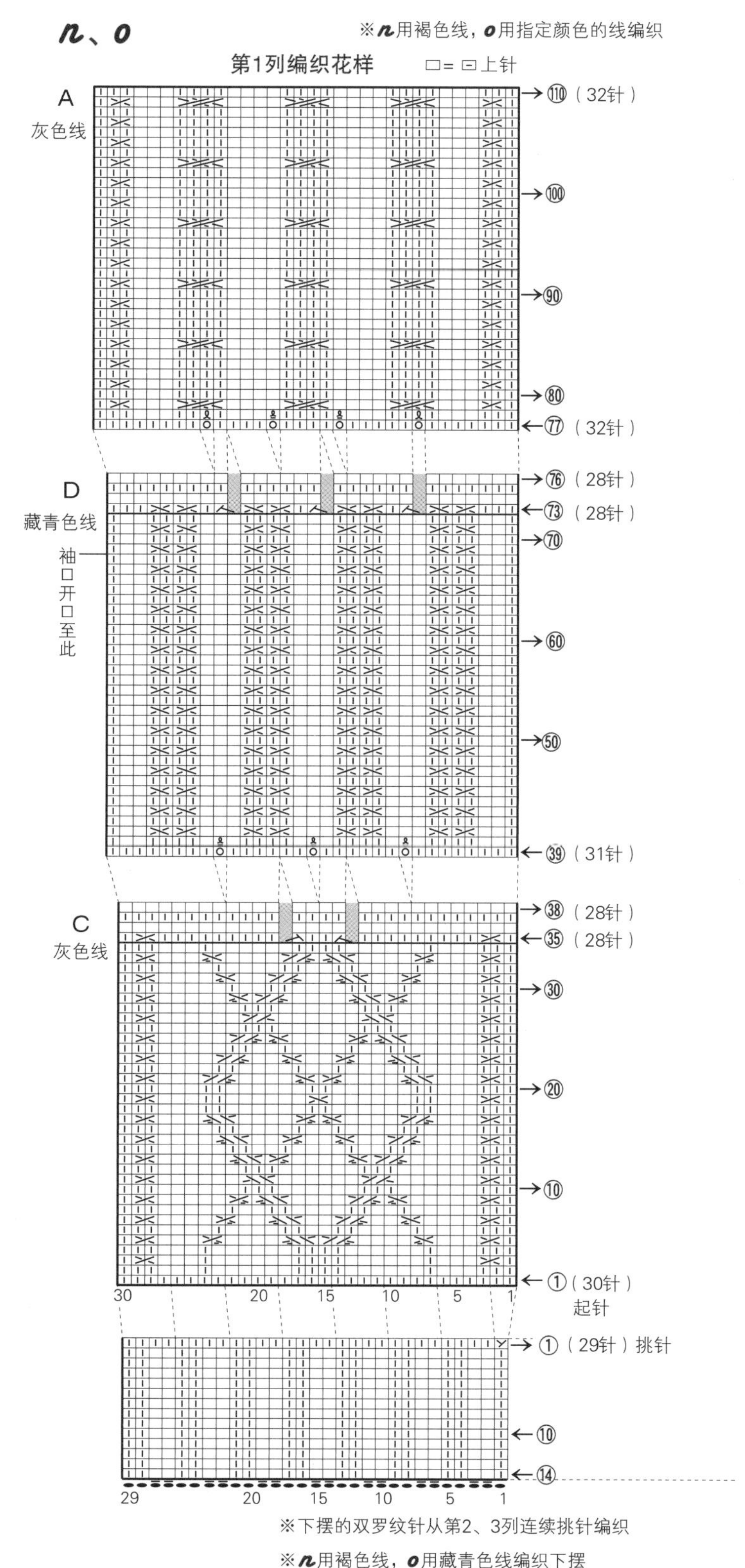

※下摆的双罗纹针从第2、3列连续挑针编织

※n用褐色线，o用藏青色线编织下摆

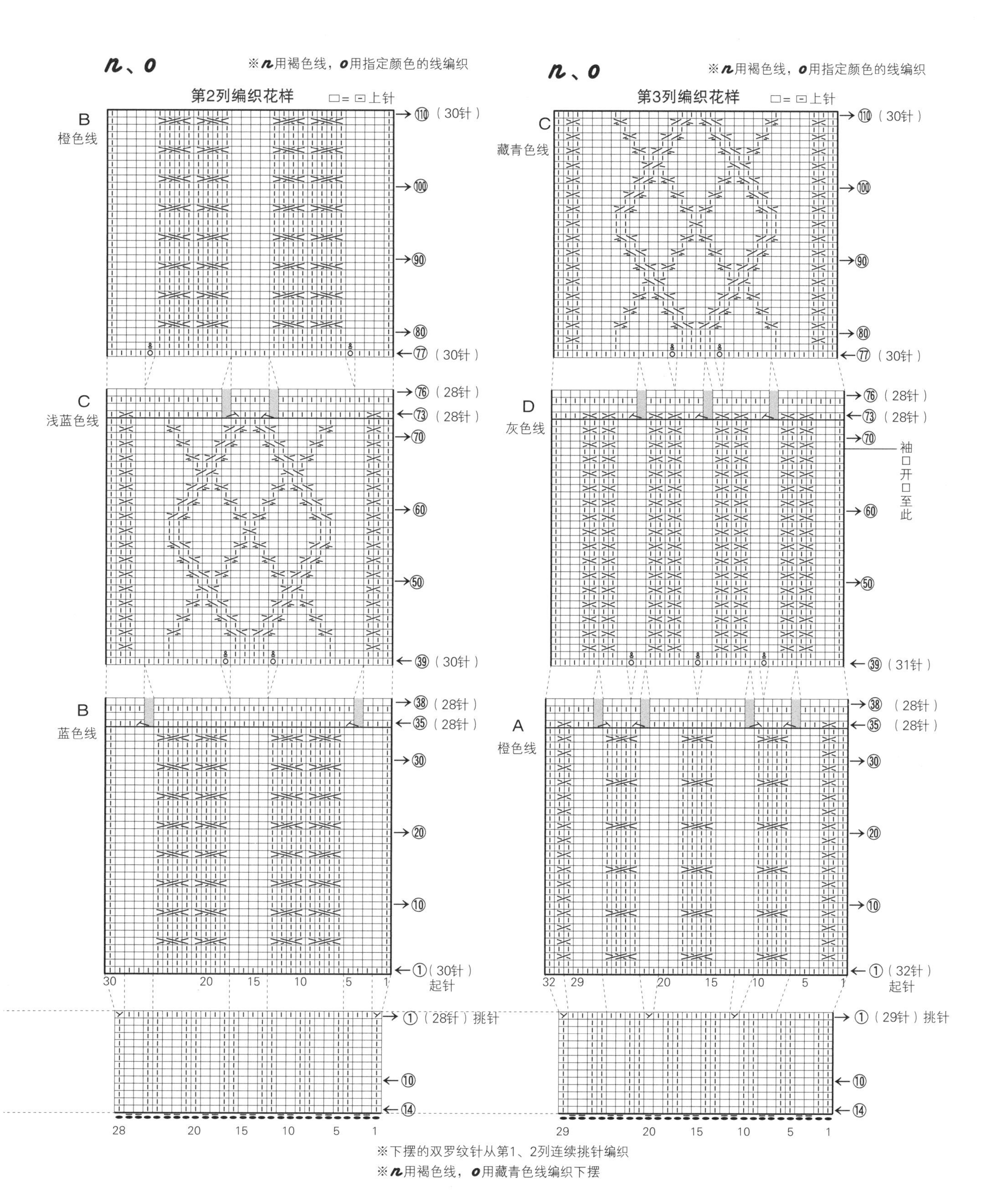
n、o
※n用褐色线，o用指定颜色的线编织
第2列编织花样
□=⊟上针
B
橙色线
⑪⓪（30针）
⑩⓪
90
80
77（30针）
C
浅蓝色线
76（28针）
73（28针）
70
60
50
39（30针）
B
蓝色线
38（28针）
35（28针）
30
20
10
①（30针）
起针
30
20
15
10
5
1
①（28针）挑针
⑩
⑭
28
20
15
10
5
1
n、o
※n用褐色线，o用指定颜色的线编织
第3列编织花样
□=⊟上针
C
藏青色线
⑪⓪（30针）
⑩⓪
90
80
77（30针）
D
灰色线
76（28针）
73（28针）
70
袖口开口至此
60
50
39（31针）
A
橙色线
38（28针）
35（28针）
30
20
10
①（32针）
起针
32
29
20
15
10
5
1
①（29针）挑针
⑩
⑭
29
20
15
10
5
1
※下摆的双罗纹针从第1、2列连续挑针编织
※n用褐色线，o用藏青色线编织下摆

拼布风背心

图片…p.24、25

n o

＊所需物品

n：Men's Club Master / 褐色（46）…430g

o：Men's Club Master / 藏青色（23）…145g，灰色（56）…125g，橙色（60）…85g，蓝色（62）、浅蓝色（66）…各 45g

针

11 号、8 号棒针

编织密度（10cm×10cm 面积内）

编织花样 A、D 均为 17.5 针，20 行

编织花样 B、C 均为 16.5 针，20 行

成品尺寸

胸围 104cm，衣长 60cm，肩背宽 59cm

＊编织方法　※ 除指定外，均为n、o通用的编织方法

1　编织前、后身片

n、o均使用指定颜色的线，手指挂线起针，按照编织图，无加减针地编织第 1、2、3 列的花片，分别编织 2 片。在编织终点暂时休针。摆放好第 1、2、3 列的花片，做挑针缝合。

2　编织下摆

从连接好的第 1、2、3 列上挑针，n、o均使用指定颜色的线编织双罗纹针。需将 3 列的接缝缝份倒向背面，与侧边的第 2 针一起做 2 针并 1 针后挑针。

3　组合肩部，编织领子

一边调整肩部的针目一边做盖针接合。编织领子时，按照与下摆相同的方法，缝份部分编织 2 针并 1 针后挑针，用指定颜色的线编织双罗纹针。

4　缝合两胁，编织袖口

两胁做挑针缝合。编织袖口时，从身片呈环形挑针，用指定颜色的线编织双罗纹针。

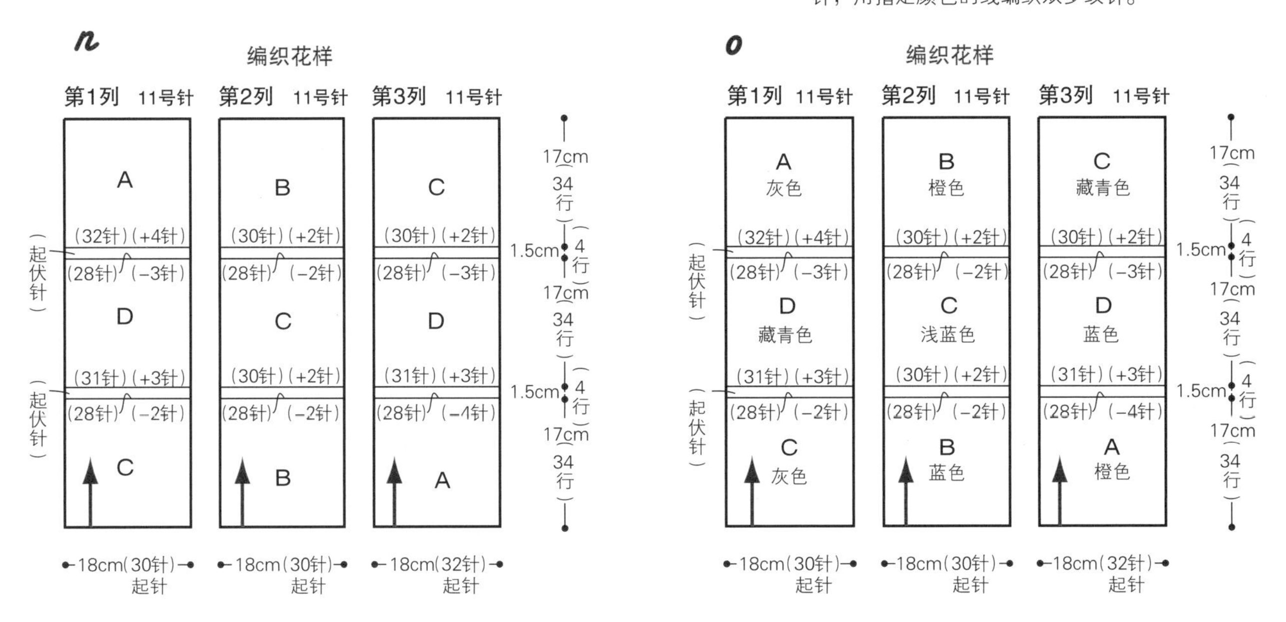

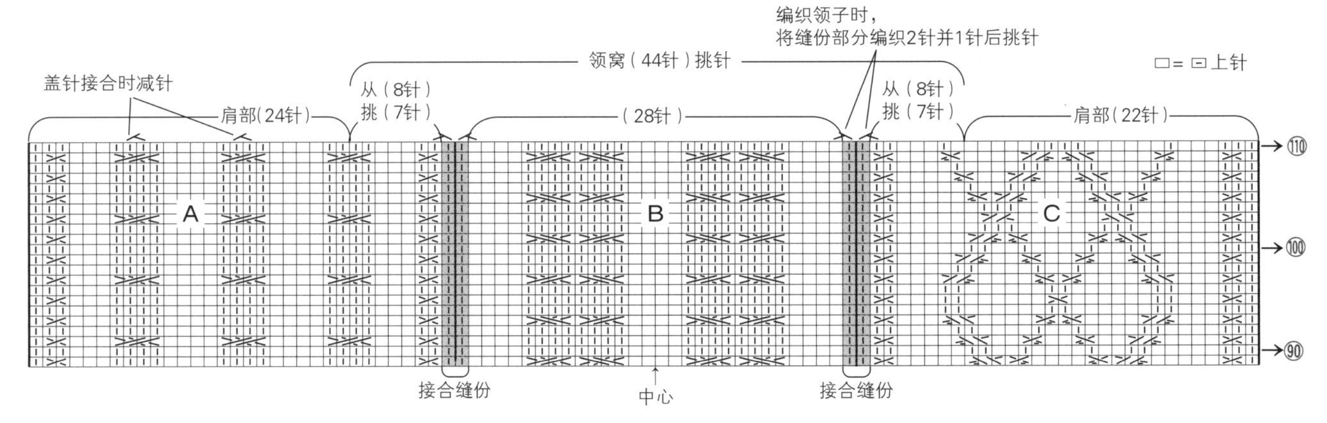

阿兰花样
侧开衩背心

图片… p.16、17

h

＊所需物品

h：Sonomono Alpaca Wool〈中粗〉/ 白色（61）…470g、灰色（65）…15g

针

6 号、4 号棒针

编织密度（10cm×10cm 面积内）

编织花样 A 31 针，28 行

编织花样 B 28 针，28 行

编织花样 C 23 针，28 行

成品尺寸

胸围 112cm，衣长 70.5cm，肩背宽 54cm

＊编织方法

1 编织前、后身片

手指挂线做 132 针起针，配色编织双罗纹针条纹。继续调整针数加针，按照编织花样 A、B、C 编织 88 行，再编织袖窿、领窝、斜肩至结束。

2 组合肩部、两胁

肩部做盖针接合。编织袖口的双罗纹针，将身片主体的 4 行和双罗纹针部分缝合，组合两胁。

3 编织领子

从领窝和前身片中心的 2 针之间的沉降弧上挑 1 针，一边在 V 领的顶端减针，一边配色编织领子的双罗纹针条纹。在编织终点做下针织下针、上针织上针的伏针收针。

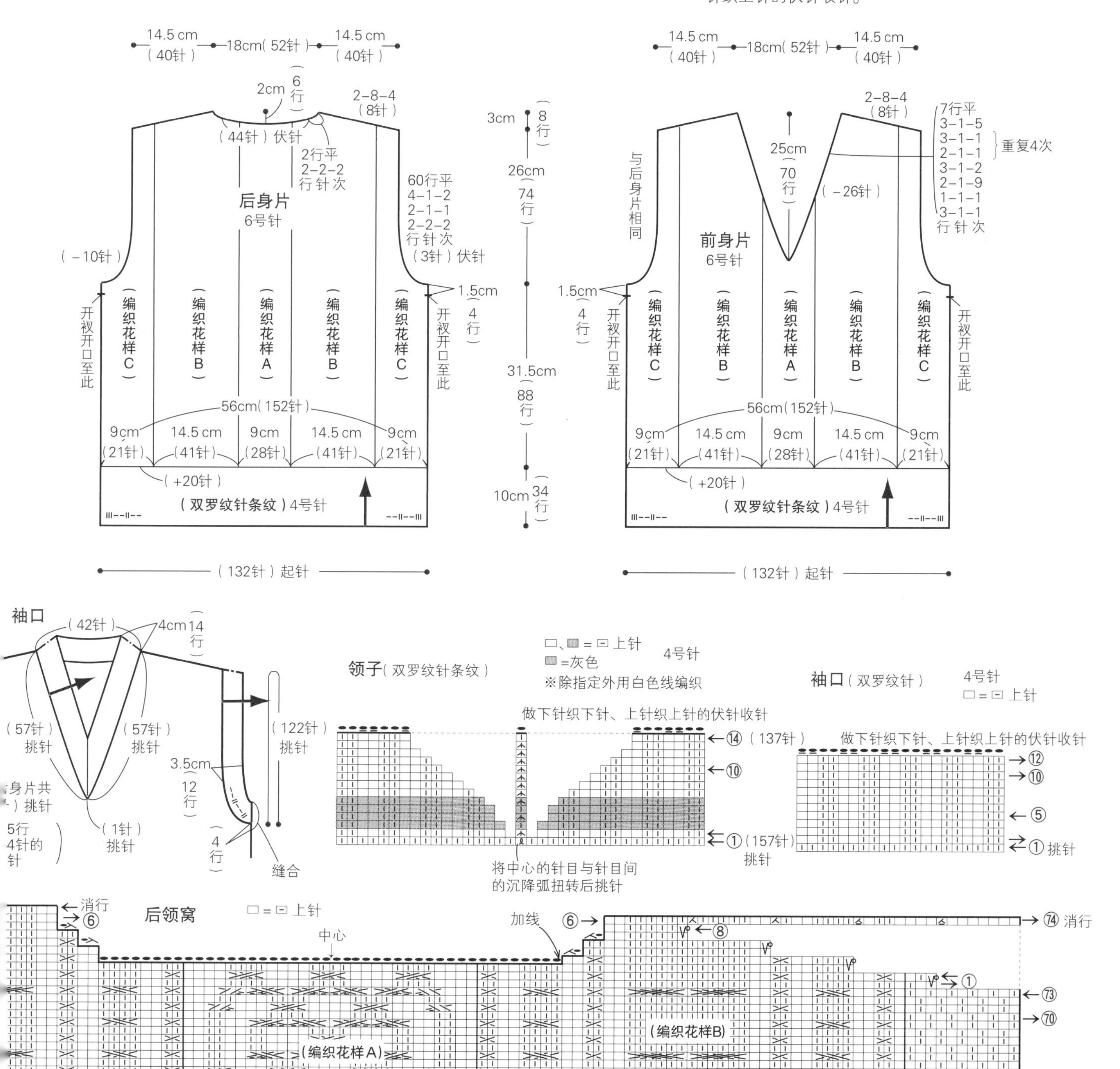

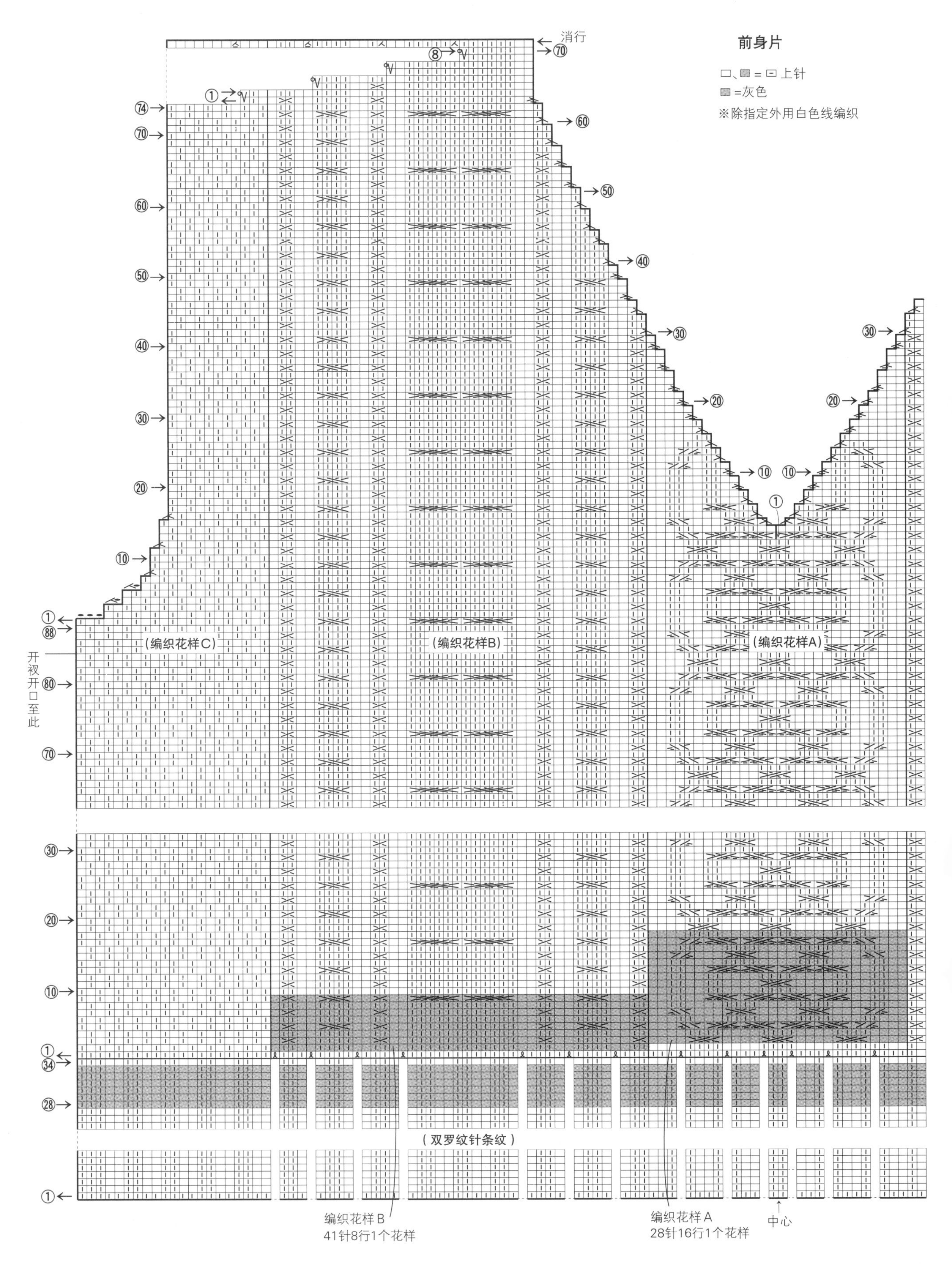

前身片
□、▒ = ⊟ 上针
▒ =灰色
※除指定外用白色线编织
消行
(编织花样C)
(编织花样B)
(编织花样A)
开衩开口至此
中心
(双罗纹针条纹)
编织花样 B
41针8行1个花样
编织花样 A
28针16行1个花样

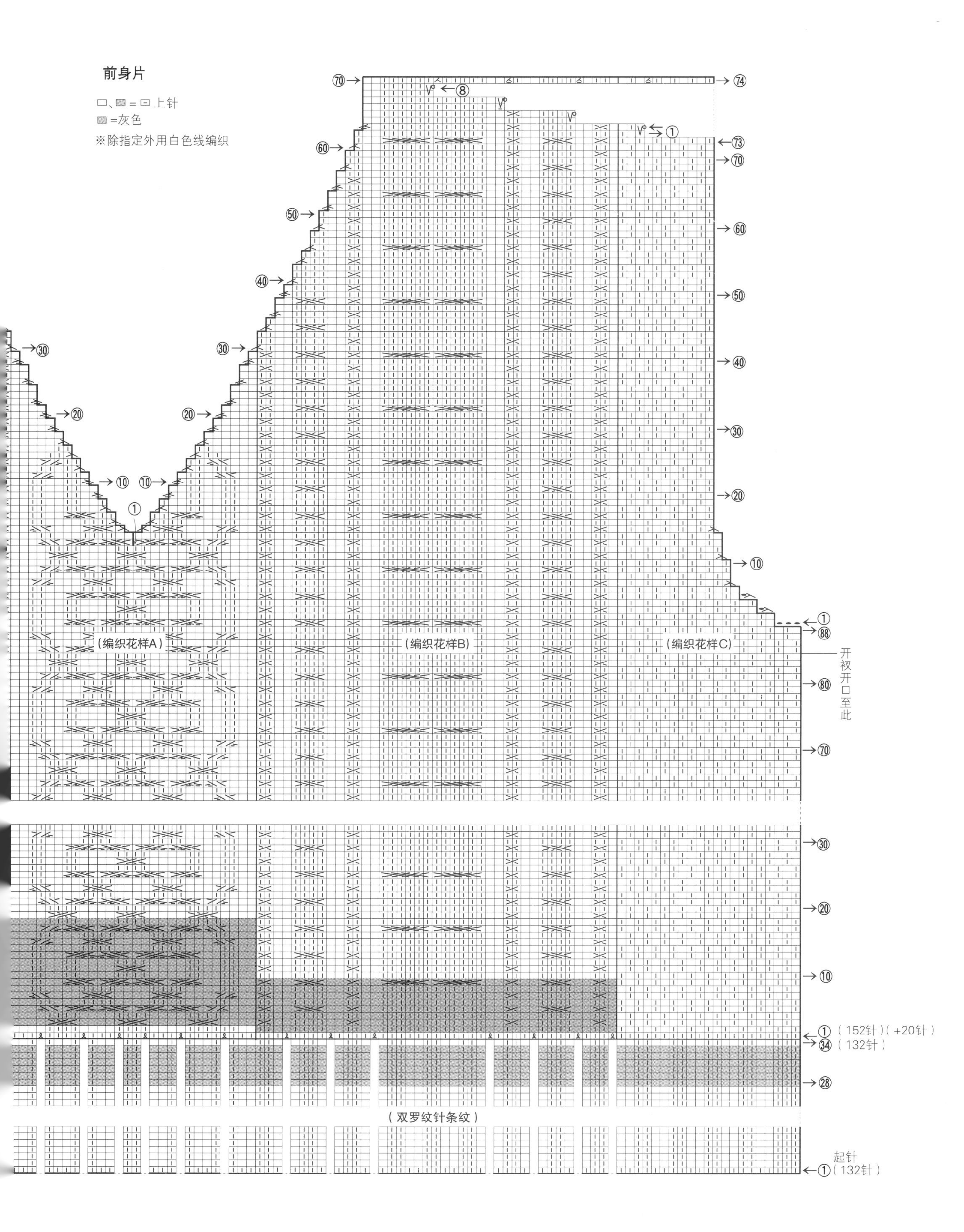
前身片
□、■ = ⊡ 上针
■ =灰色
※除指定外用白色线编织
(编织花样A)
(编织花样B)
(编织花样C)
开衩开口至此
(152针)(+20针)
(132针)
(双罗纹针条纹)
起针
(132针)

大麻花
V领背心

图片…p.18、19

i j

＊所需物品
i：Sonomono Gran ／原白色（161）…625g
j：Sonomono Gran ／深灰色（165）…625g
针
15号、12号棒针
编织密度（10cm×10cm 面积内）
编织花样 16针，18.5行
成品尺寸
胸围 102cm，衣长 60cm，肩背宽 57cm

＊编织方法 ※除指定外，均为i、j通用的编织方法

1 编织前、后身片
手指挂线做82针起针，编织单罗纹针。继续按照编织花样，一边编织身片，一边做领窝的减针。在编织终点暂时休针。

2 组合肩部、两胁
肩部做盖针接合，两胁做挑针缝合。

3 编织领子
从领窝和前身片中心的2针之间的沉降弧上挑针，一边在V领的顶端减针，一边编织单罗纹针。在编织终点做下针织下针、上针织上针的伏针收针。

4 编织袖口
从前、后身片上呈环形挑针，编织单罗纹针。在编织终点做下针织下针、上针织上针的伏针收针。

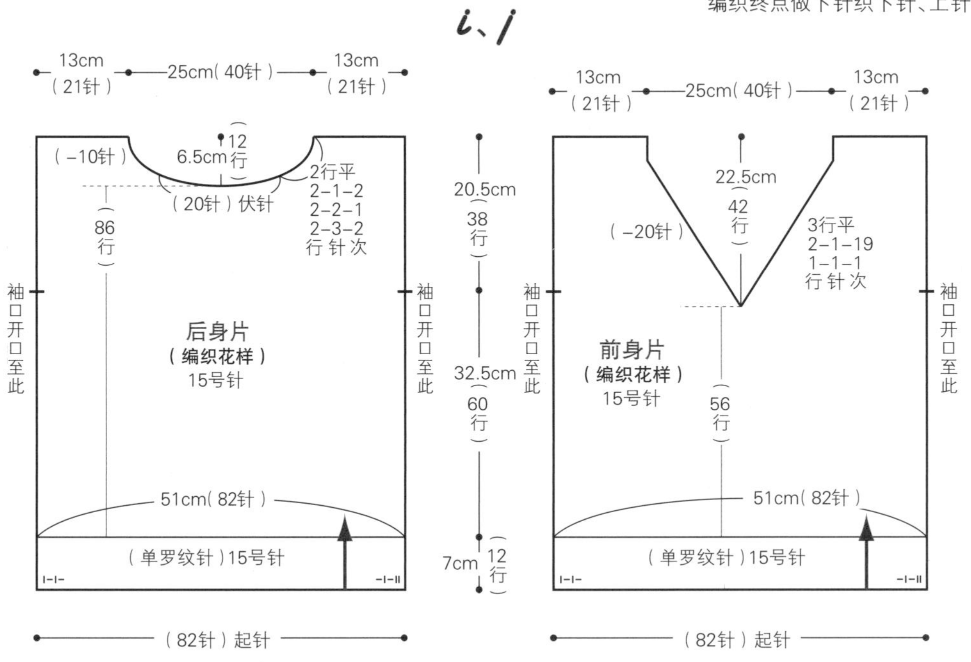

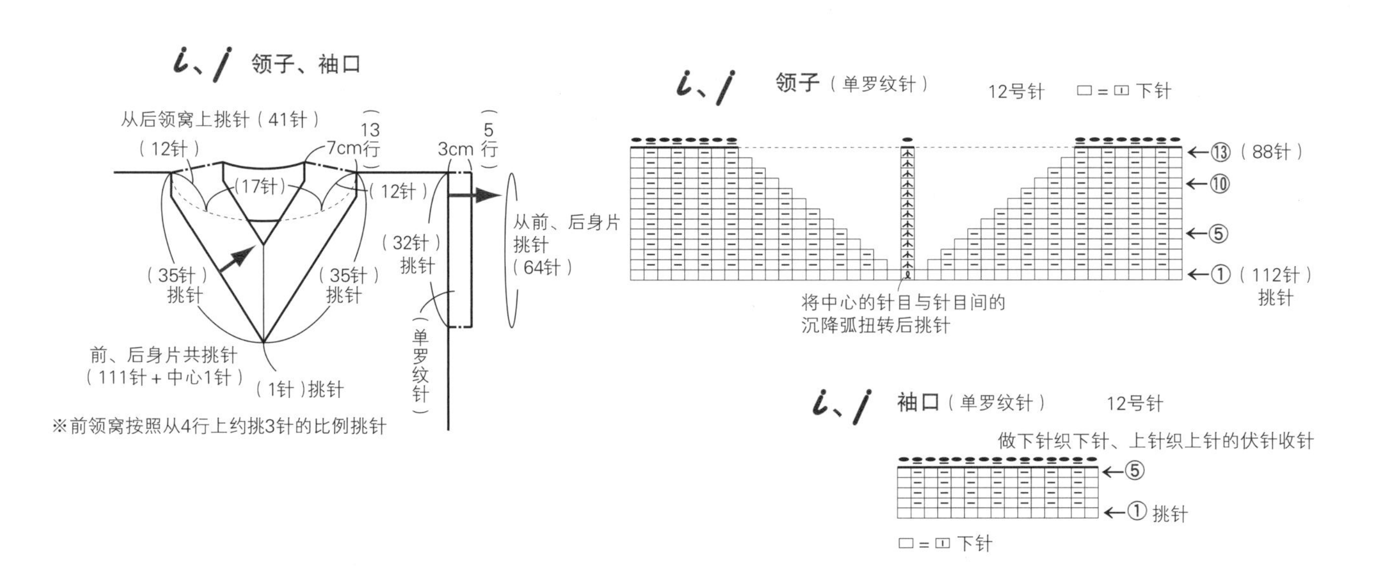

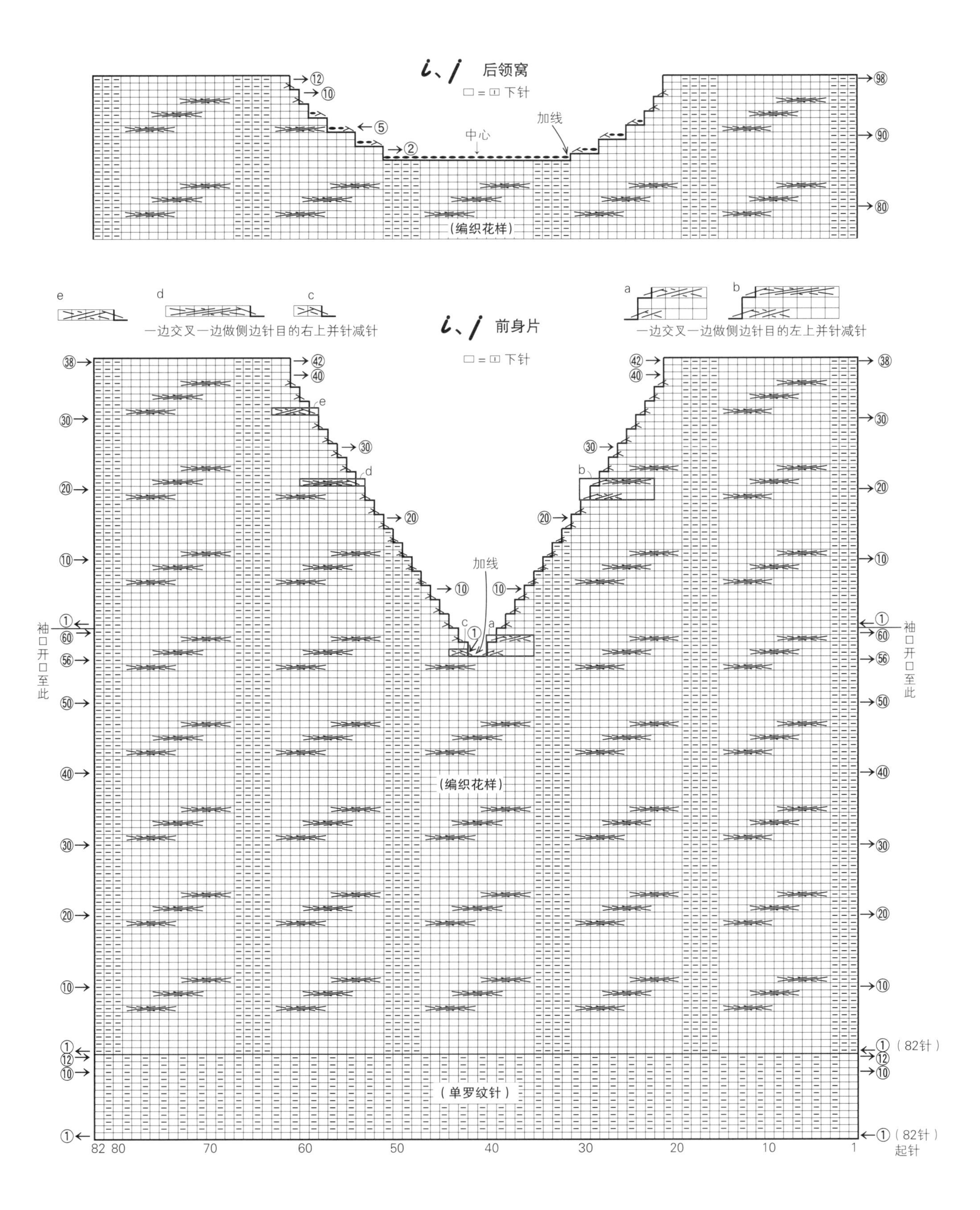

i、j 后领窝
□ = ⊡ 下针
加线
中心
（编织花样）
e
d
c
一边交叉一边做侧边针目的右上并针减针
a
b
一边交叉一边做侧边针目的左上并针减针
i、j 前身片
□ = ⊡ 下针
加线
袖口开口至此
（编织花样）
（单罗纹针）
①（82针）
①（82针）起针

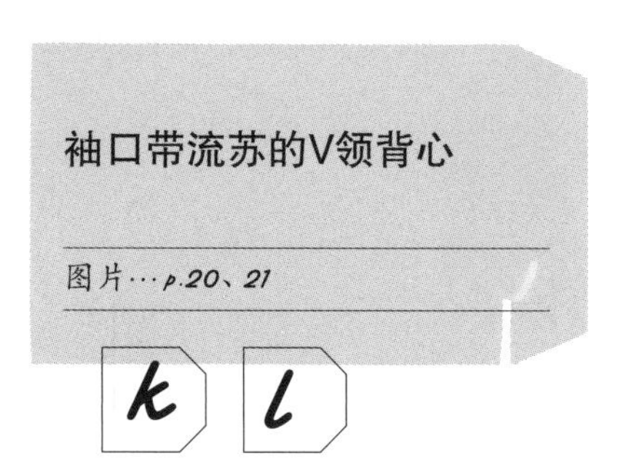

＊所需物品

k：Dina ／红色、深灰色系段染（12）…235g

l：Dina ／黑色、灰色系段染（8）…235g

针

7号、5号棒针，6/0号钩针

编织密度（10cm×10cm 面积内）

编织花样 21.5针，28.5行

成品尺寸

胸围112cm，衣长50.5cm，肩背宽55cm

＊编织方法 ※除指定外，均为k、l通用的编织方法

1 编织后身片
另线锁针起针，做120针起针，按照编织花样编织54行。在袖窿部分，左、右各减1针，编织起伏针，中间做编织花样。最后的12行用起伏针编织领窝部分，做伏针收针。

2 编织前身片
另线锁针起针，做120针起针，按照编织花样编织54行。在袖窿部分，左、右各减1针，编织起伏针，中间做编织花样。编织好32行后，领窝编织起伏针，在起伏针的内侧减针。其他位置暂时休针。

3 编织下摆
解开前、后身片的锁针起针，一边调整针数一边挑110针，编织16行双罗纹针。在编织终点，做下针织下针、上针织上针的伏针收针。

4 组合肩部、两胁
肩部做盖针接合，两胁做挑针缝合。

5 钩织流苏
在袖窿的起伏针部分，每4行钩织1条50针锁针做成的流苏。

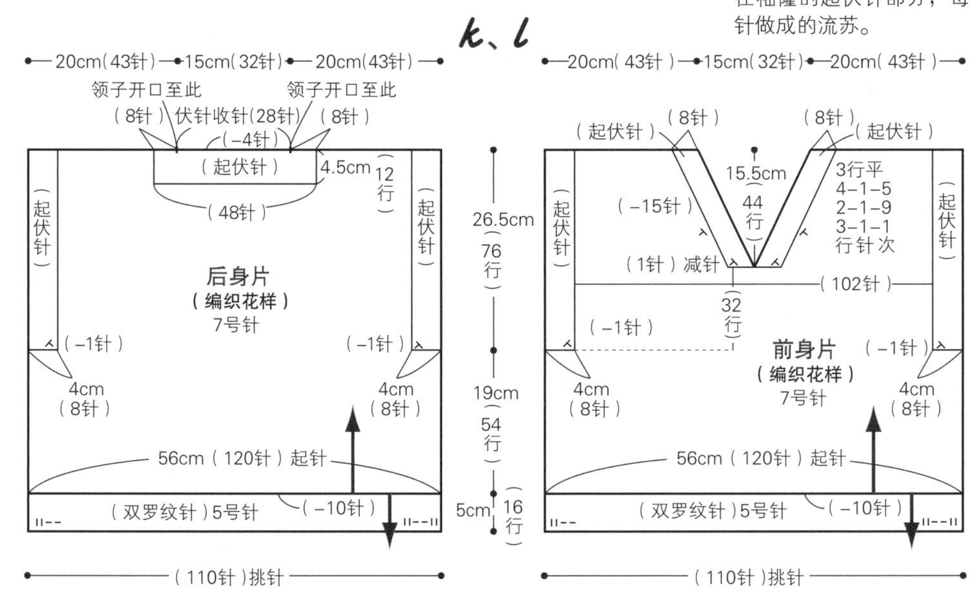

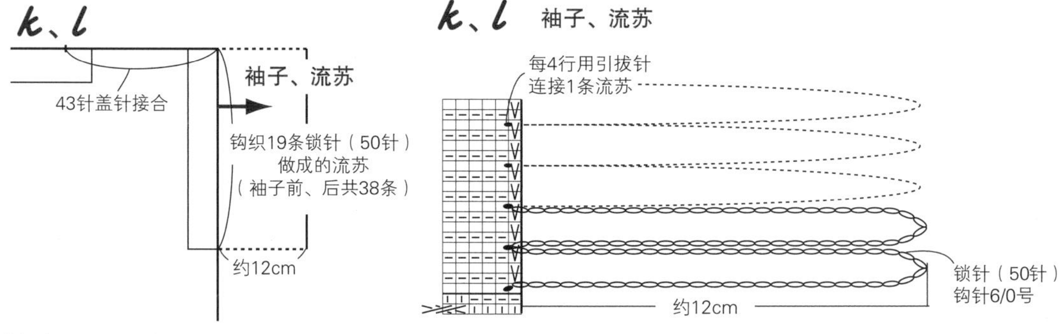

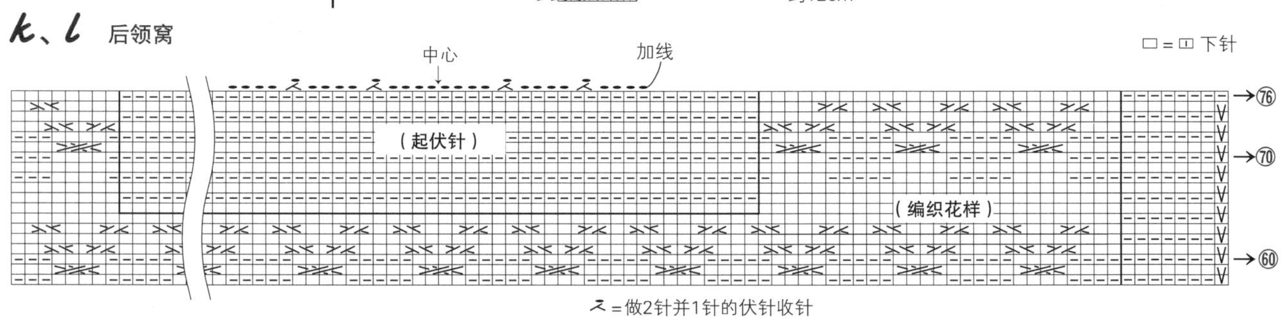

k、l

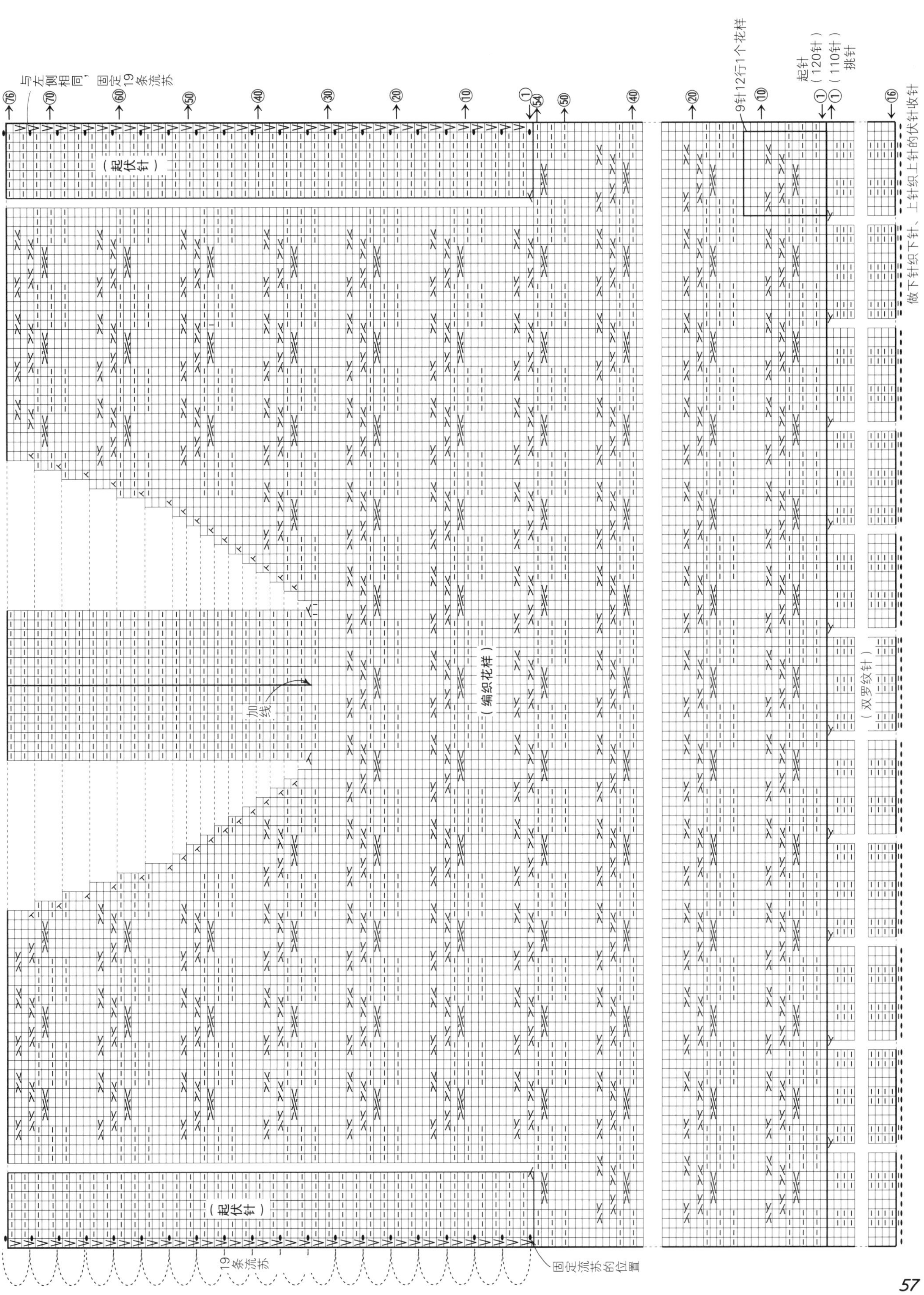

（起伏针）

19条流苏

与左侧相同，固定19条流苏

加线

（编织花样）

固定流苏的位置

9针12行1个花样

起针（120针）

（110针）挑针

（双罗纹针）

做下针织下针、上针织上针的伏针收针

76 70 60 50 40 30 20 10 1 54 50 40 20 10 1 1 16

高领侧开衩背心

图片…p.22、23

m

*所需物品

m：Sonomono Royal Alpaca/ 浅灰色（144）…248g

针

8 号、7 号棒针，7/0 号钩针

编织密度（10cm×10cm 面积内）

编织花样 21.5 针，30 行

成品尺寸

胸围 124cm，衣长（后身片）61cm、（前身片）55cm，肩背宽 62cm

*编织方法

1 编织后身片

手指挂线做 133 针起针，按照编织花样 A 编织。在第 80 行用手缝线做出标记后编织至第 102 行，两侧各 11 针做编织花样 B，其他针目继续做编织花样 A，编织 82 行。在编织终点需分开肩部和领子开口处的针目，暂时休针。

2 编织前身片

手指挂线做 133 针起针，按照编织花样 A 编织。在第 62 行用手缝线做出标记后编织至第 84 行，两侧各 11 针做编织花样 B，其他针目继续做编织花样 A，编织 82 行。在编织终点需分开肩部和领子开口处的针目，暂时休针。

3 组合肩部，编织领子

肩部做引拔接合。编织领子时，从前、后身片领窝处分别挑针 53 针，从肩部接合处各挑针 1 针，做 56 行编织花样 A。在编织终点做下针织下针、上针织上针的伏针收针。

4 缝合两肋

将两肋从手缝线标记的位置向上挑针缝合 22 行，至编织花样 B 的前侧。

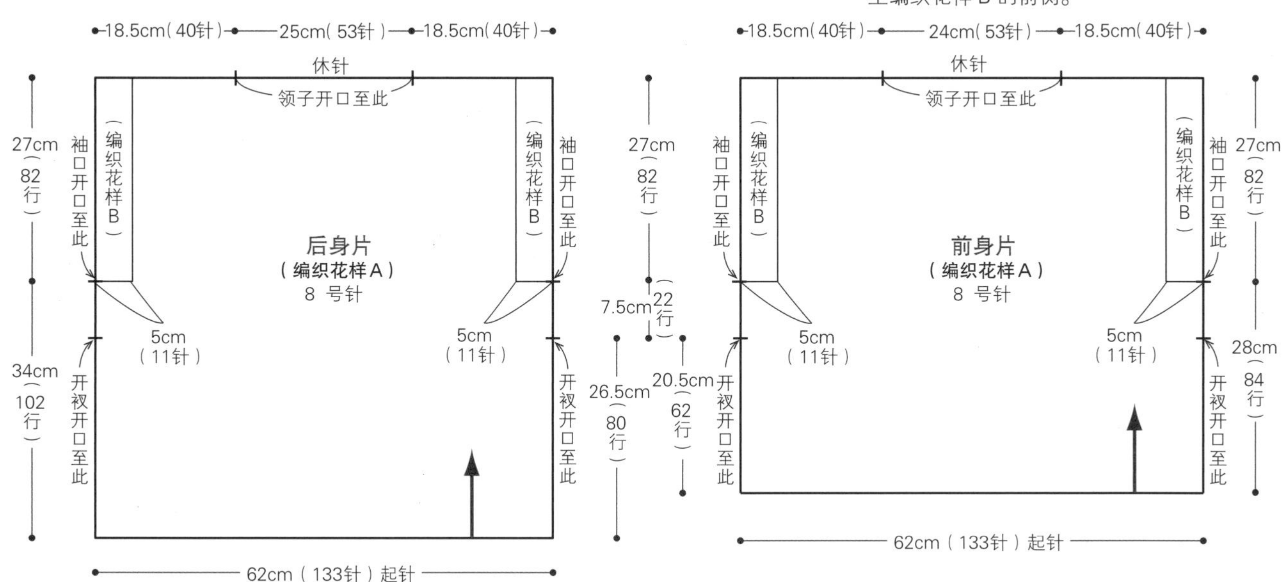

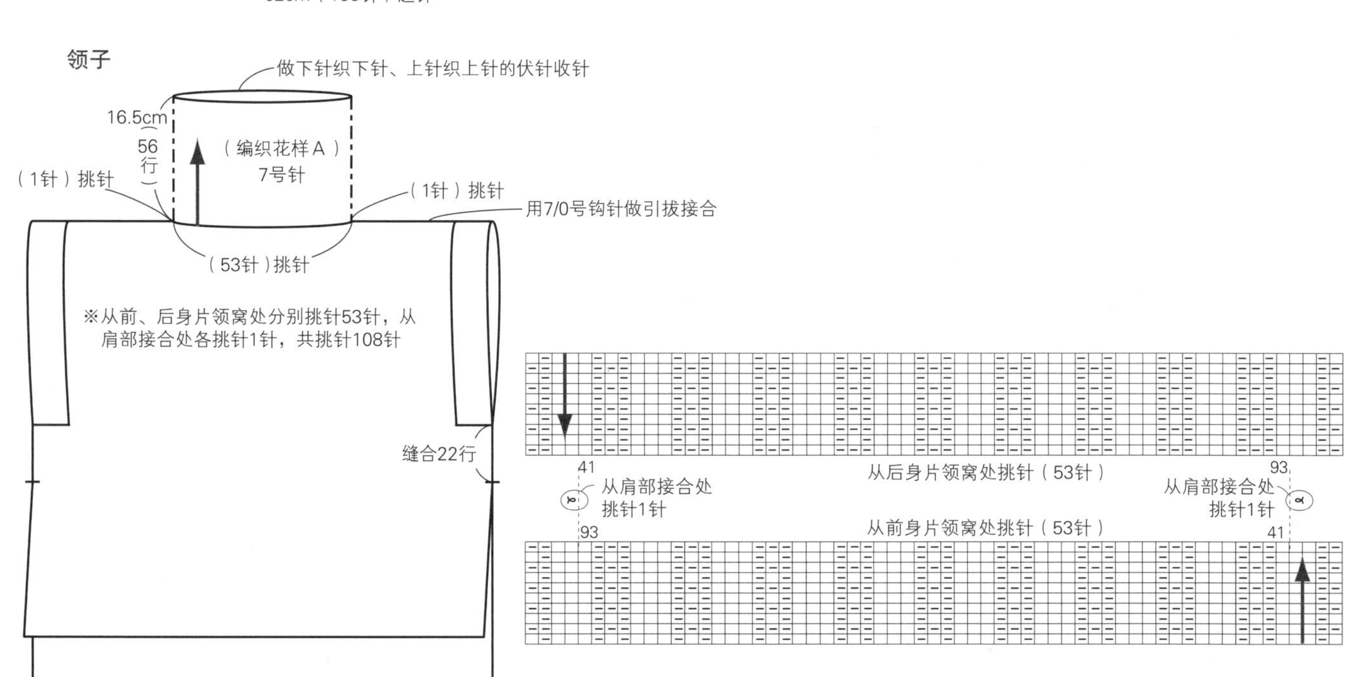

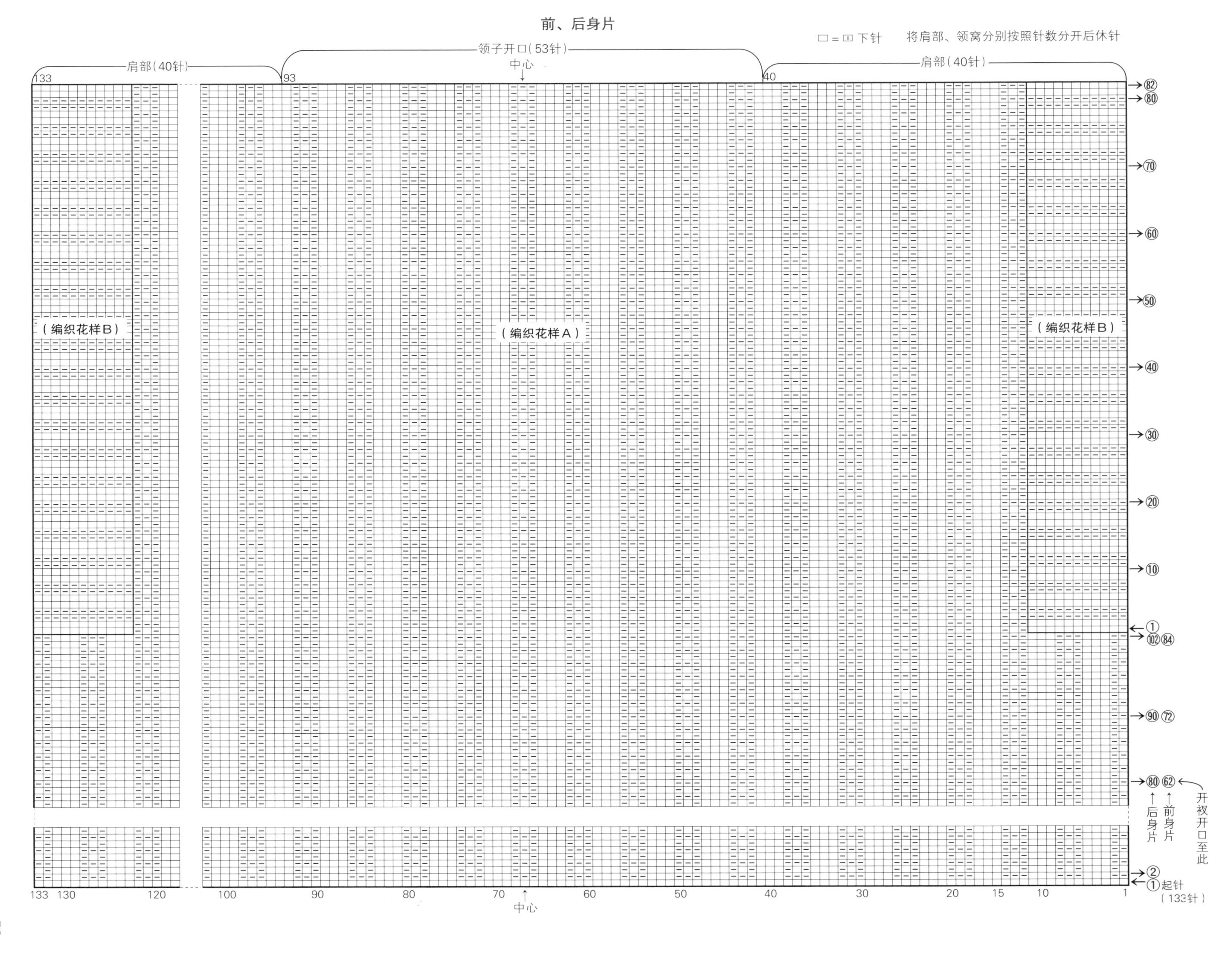

前、后身片
□ = ⊡ 下针
将肩部、领窝分别按照针数分开后休针
肩部(40针)
领子开口(53针)
中心
肩部(40针)
133
93
40
(编织花样B)
(编织花样A)
(编织花样B)
82
80
70
60
50
40
30
20
10
1
102 84
90 72
80 62
后身片
前身片
开衩开口至此
2
1 起针
(133针)
133 130 120 100 90 80 70 60 50 40 30 20 15 10 1
中心

棒针编织基础

编织图的看法

编织图均为从正面看到的标记。在棒针的平针编织中，箭头为←的一行需看着正面编织，从右向左看编织图，按照编织图编织。箭头为→的一行（■部分）需看着背面编织，从左向右看编织图，按照编织图编织，但需要编织与符号相反的编织方法（例如，在编织图中，下针符号处需编织上针，上针符号处需编织下针。下针的扭针符号需编织上针的扭针）。在本书中，起针为第 1 行。

箭头为→的一行需看着背面编织并编织与符号相反的编织方法

⑩ → ⑥ → ② →

← ⑨ ← ⑤ ← ①

10　5　1　（起针）

箭头为←的一行需看着正面编织

□、■ = | 下针（空格表示编织下针）

最初的针目的制作方法

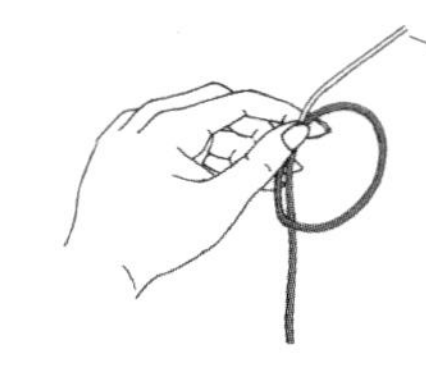

1 在距离线头约 3 倍成品宽度的位置，用线做出圆环。

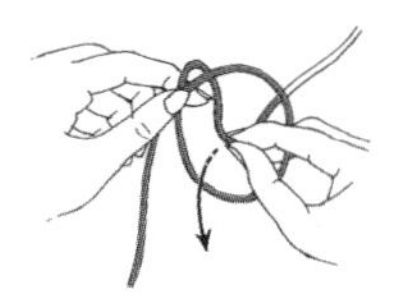

2 将右手的拇指和食指伸入圆环中，将线拉出，做成线圈。

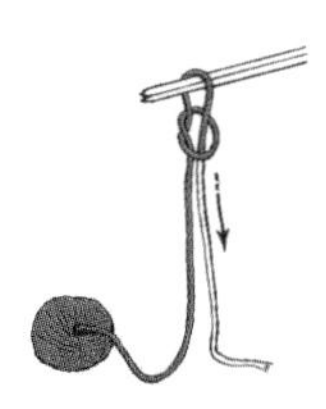

3 将 2 根棒针穿入在步骤 **2** 中拉出的线圈中，拉动线头侧，拉紧线圈。这就是最初的 1 针。

手指挂线起针

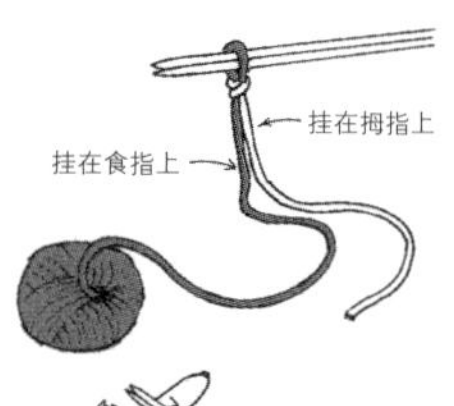

1 最初的 1 针做好后，将线团侧挂在左手食指上，将线头侧挂在拇指上。

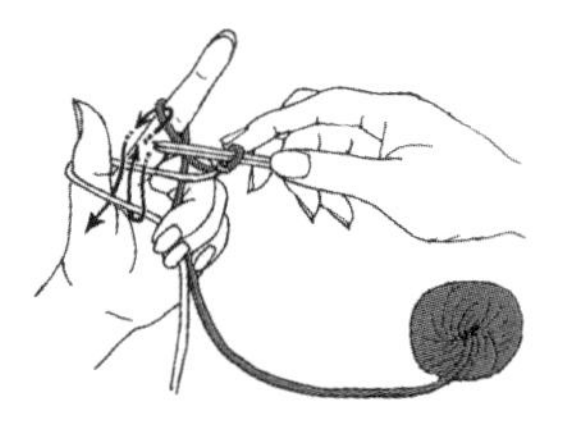

2 将棒针按照箭头方向移动，将线挂在针尖上。

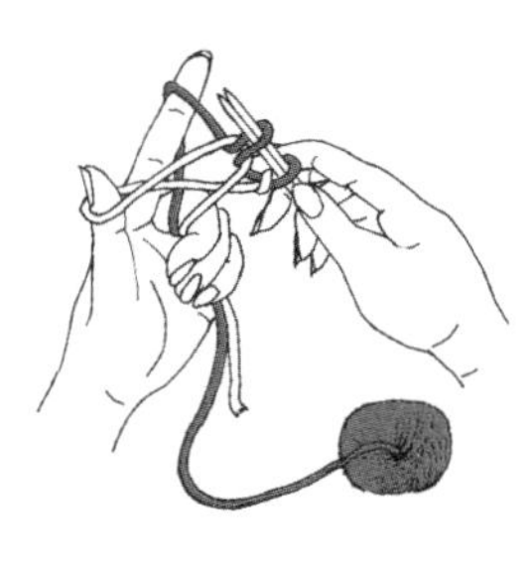

3 小心取下挂在拇指上的线。

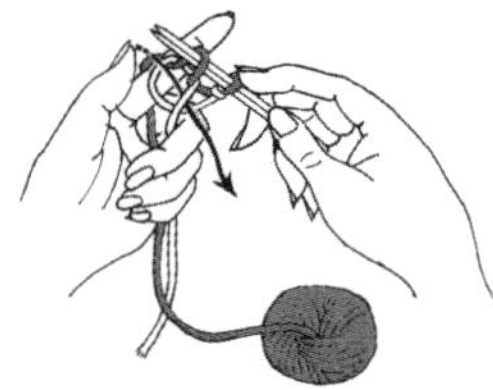

4 按照箭头方向，将线挂在拇指上，向外侧拉紧。

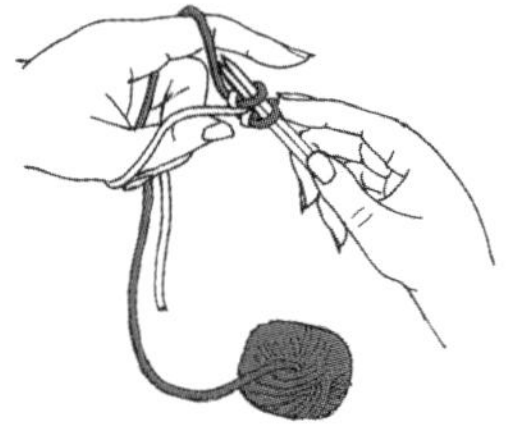

5 第 2 针完成。从第 3 针开始，按照步骤 **2** ~ **4** 的要领继续编织。

6 起针（第 1 行）编织好了的样子。抽出 1 支棒针，然后用这根棒针继续编织。

另线锁针起针

最初的针目的制作方法（钩针编织）

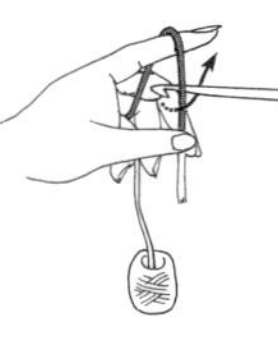

1 将钩针从线的外侧按照箭头方向转动。

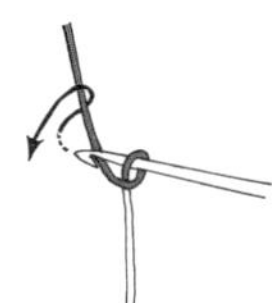

2 再将线挂在针尖上。

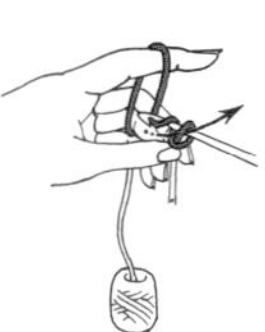

3 从圆环中向前拉出。

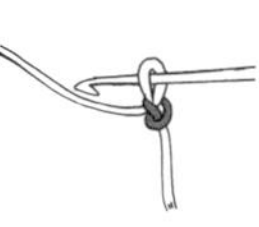

4 拉动线头，拉紧针目，最初的针目完成（这一针不计作第 1 针）。

⬭ 锁针（1~6）

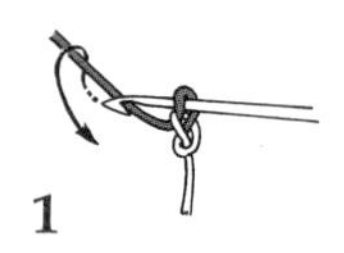

1 制作最初的针目，在针尖上挂线。

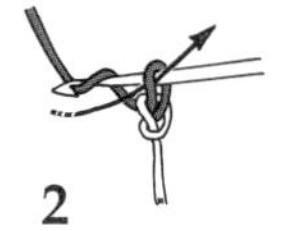

2 拉出挂着的线，锁针完成。

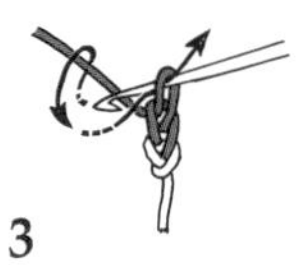

3 按照相同的方法，重复步骤 **1** 和 **2**，继续钩织。

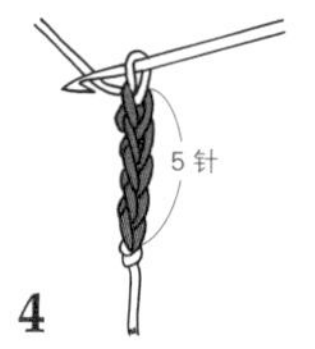

4 编织好 5 针锁针的样子。

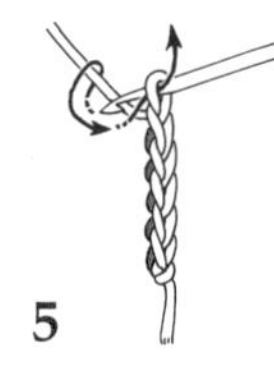

5 用另线钩织多于所需针目的锁针。

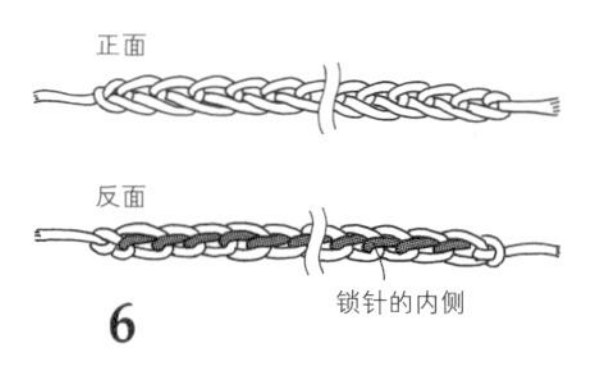

6 编织结束后，将线拉紧，剪断线头。

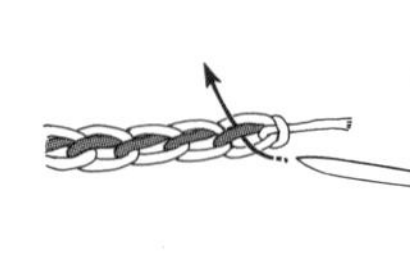

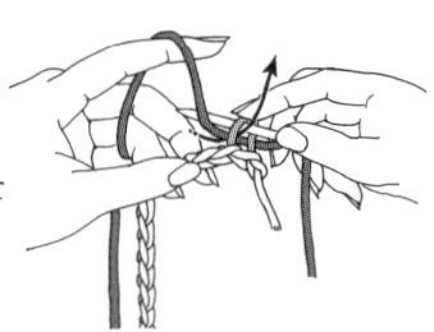

7 将棒针插入锁针内侧的里山，挂上编织线后拉出。

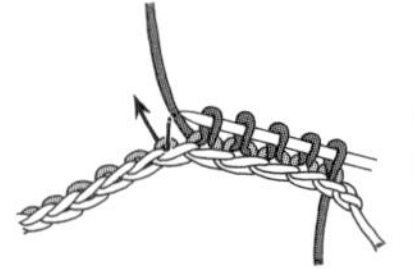

8 将棒针插入下一针锁针的里山中，重复步骤 **7** 的操作。

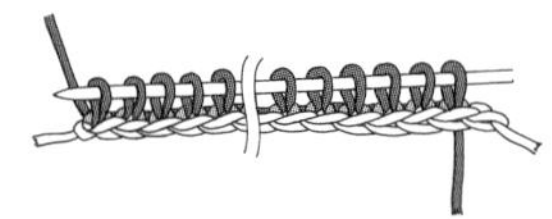

9 挑起所需针目进行编织。这就是第 1 行。

编织针法

下针

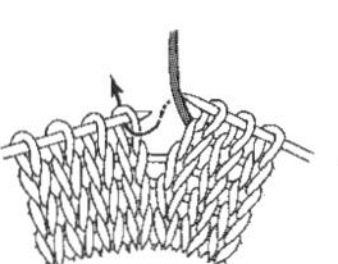
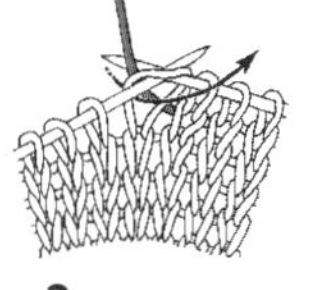
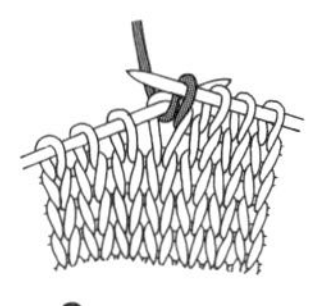
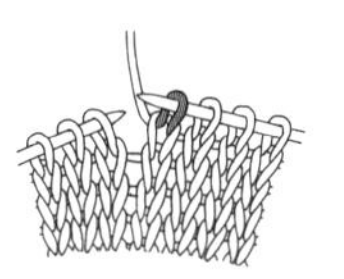

1 将线放在外侧，将右棒针从内侧插入。

2 将线挂在右棒针上，按照箭头方向向内侧拉出。

3 用右棒针将线拉出后，抽出左棒针。

4 下针完成。

上针

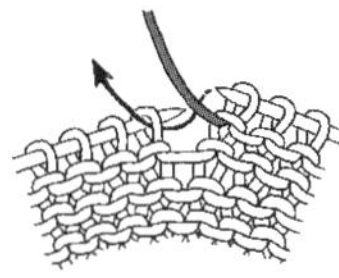
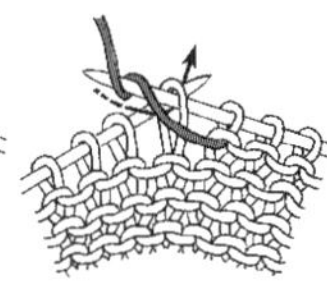

1 将线放在内侧，将针从外侧插入。

2 如图所示挂线，按照箭头方向将线拉出至外侧。

3 用右棒针将线拉出后，抽出左棒针。

4 上针完成。

挂针

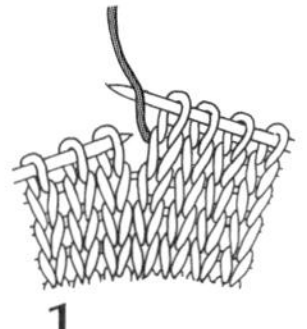
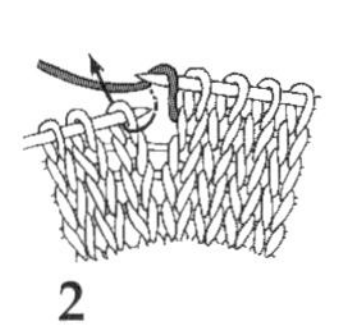
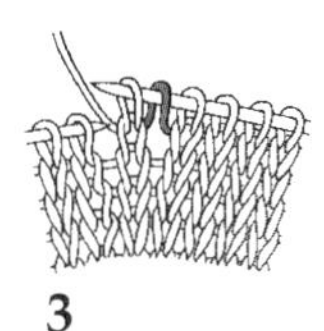
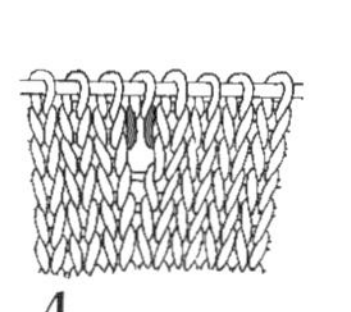

1 将线放在内侧。

2 如图所示，从内侧将线挂在右棒针上，按照箭头方向将右棒针插入下一个针目中进行编织。

3 编织好1针挂针、1针下针的样子。

4 编织好下一行的样子。挂针的地方出现1个洞，形成了1针加针。

中上3针并1针

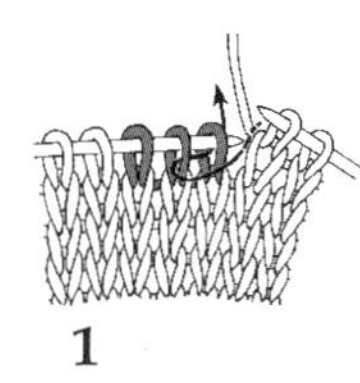
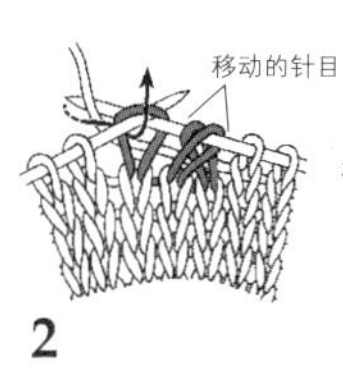

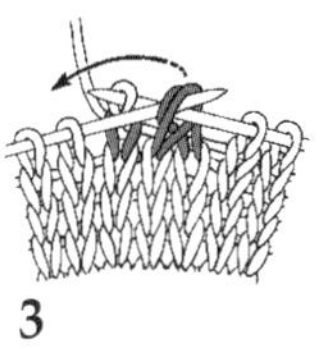
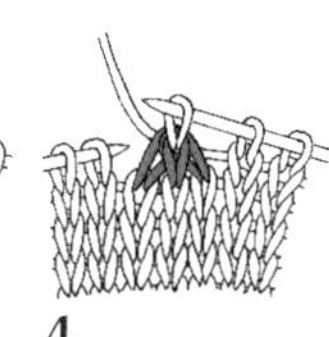

1 按照箭头方向，在左棒针的2个针目中入针，不编织，移至右棒针上。

2 在第3个针目中入针后挂线，编织下针。

3 将左棒针插入步骤1中移动的2个针目中，按照箭头方向，盖在左侧的1个针目上。

4 中上3针并1针完成。

右上2针并1针

右上3针并1针

※( )内为右上3针并1针的情况

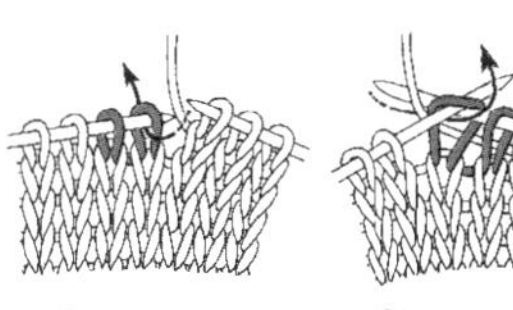
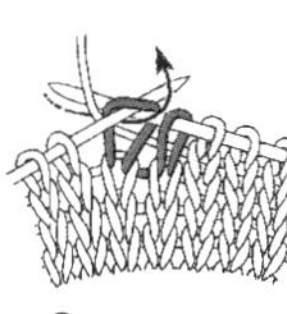

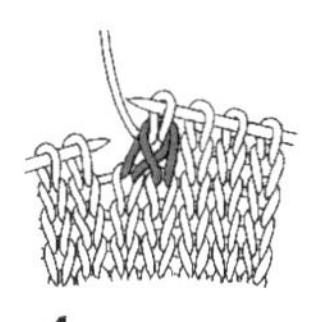

1 按照箭头方向，将右棒针从内侧入针，不编织，移至右棒针上。

2 在左棒针的第2个针目（第2、3个针目）中插入右棒针，挂线后编织下针。

3 将左棒针插入步骤1中移至右棒针上的针目中，按照箭头方向，盖在左侧针目上。

4 右上2针（3针）并1针完成。

左上2针并1针

左上3针并1针

※( )内为左上3针并1针的情况

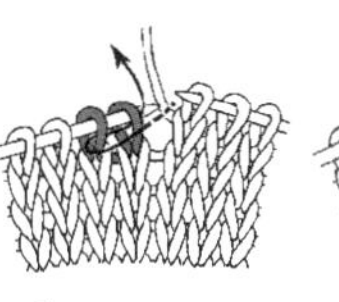
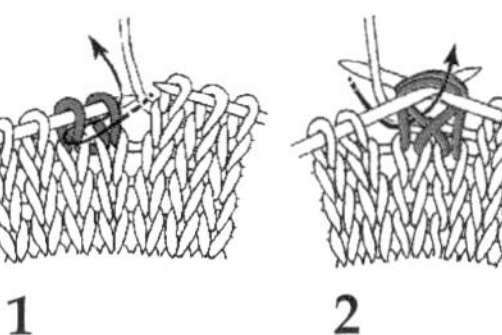
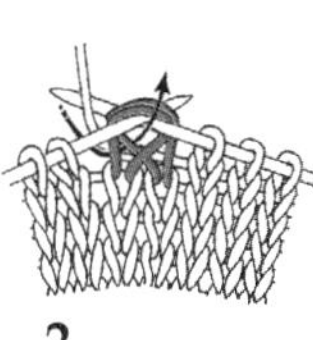
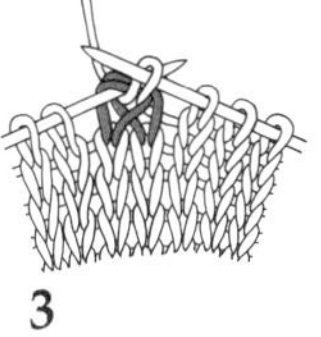
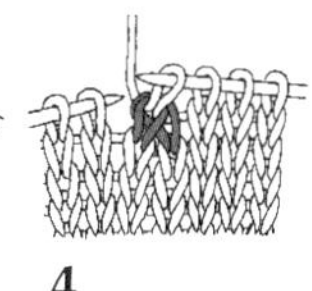

1 按照箭头方向，从左棒针的2个针目（3个针目）的左侧一次性入针。

2 按照箭头方向，挂线后一次性编织2个针目（3个针目）。

3 用右棒针将线拉出后，抽出左棒针。

4 左上2针（3针）并1针完成。

上针的右上2针并1针

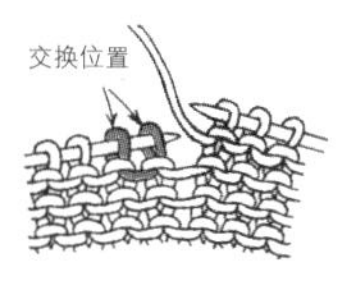

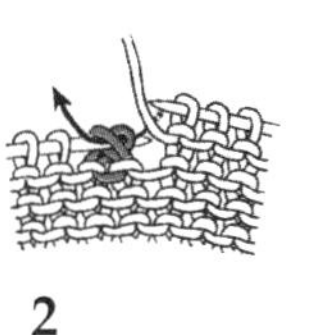
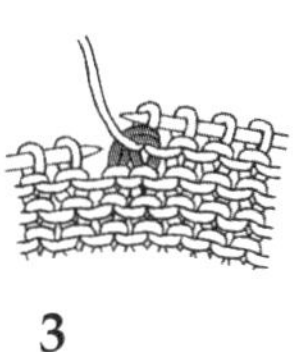

1 将左棒针侧边的2个针目交换位置。

2 按照箭头方向，右棒针挂线后将2个针目一次性编织上针。

3 上针的右上2针并1针完成。

※ 也可以将左棒针上的2个针目，按照箭头方向入针后一次性编织上针。

上针的左上2针并1针

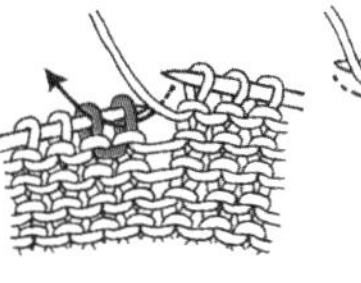
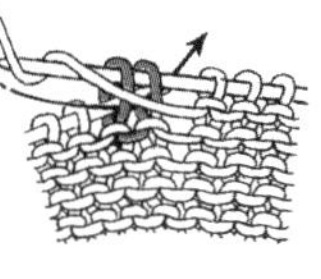
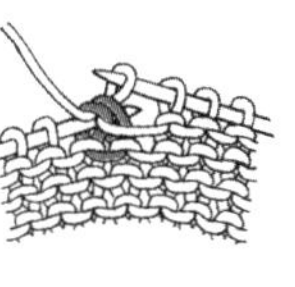

1 按照箭头方向，右棒针从左棒针侧边的2个针目中入针。

2 在针尖上挂线，按照箭头方向拉出。

3 2个针目一次性编织好上针后，抽出左棒针。

4 上针的左上2针并1针完成。

左上 3 针交叉

※ 即使针目数不同，交叉方法也是一样的

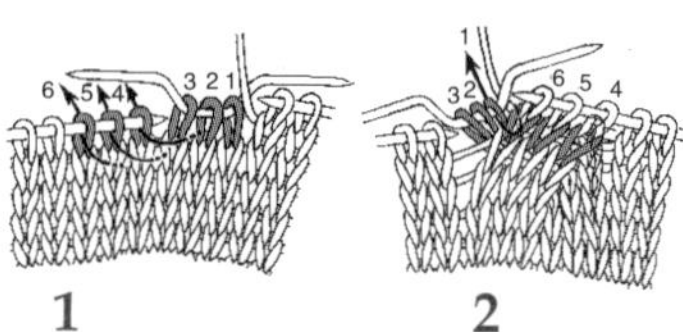

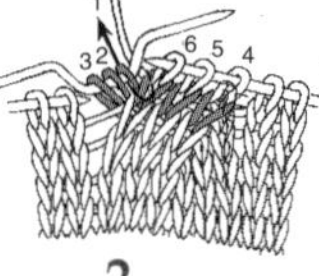

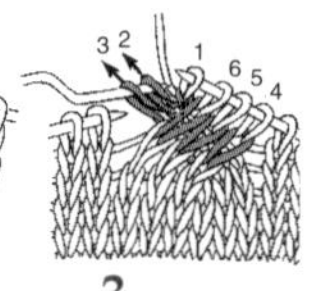

1 将左棒针的针目 1~3 移至麻花针上，暂时休针放在外侧。将右棒针插入针目 4，编织下针。

2 针目 5、6 也按照相同方法编织下针。

3 将移至麻花针上休针的针目 1 ~ 3 编织下针。

4 左上 3 针交叉完成。

右上 3 针交叉

※ 即使针目数不同，交叉方法也是一样的

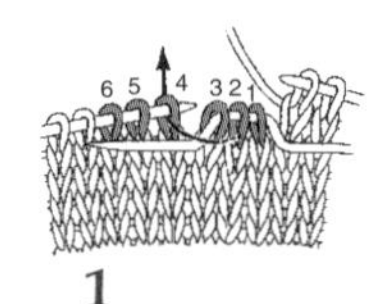

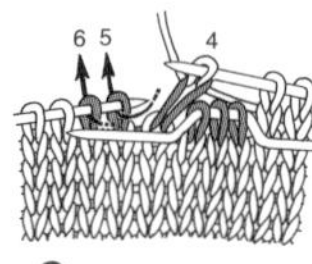

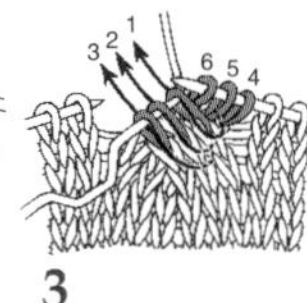

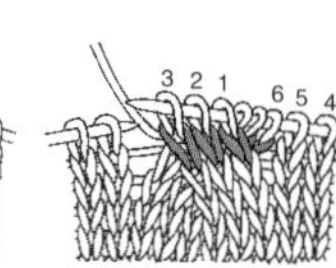

1 将左棒针的针目 1 ~ 3 移至麻花针上，暂时休针放在内侧。将针目 4 编织下针。

2 针目 5、6 也按照相同方法编织下针。

3 按照箭头方向，依次在移至麻花针上休针的针目 1~3 中入针，编织下针。

4 右上 3 针交叉完成。

下针的扭加针

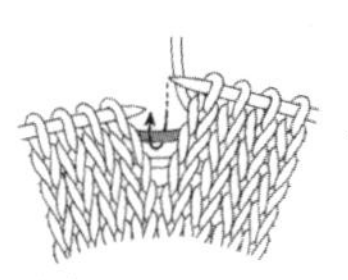

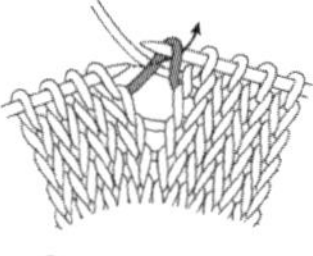

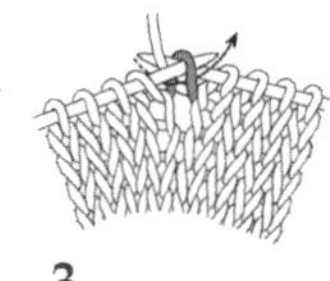

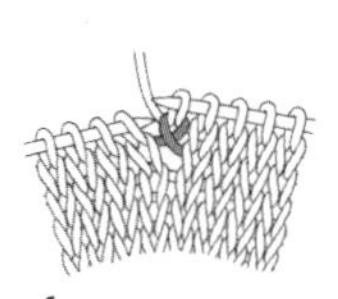

1 按照箭头方向，用右棒针将与下一个针目之间的渡线拉起来。

2 拉起来后，将线挂在左棒针上。

3 挂在左棒针上后，按照箭头方向，编织下针。

4 下针的扭加针完成。拉起来的针目被扭转，变成增加 1 针的状态。

上针的扭加针

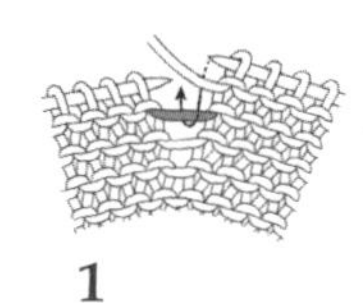

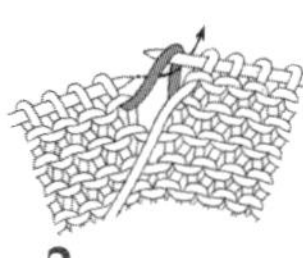

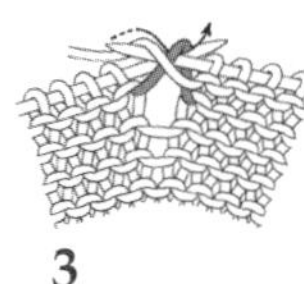

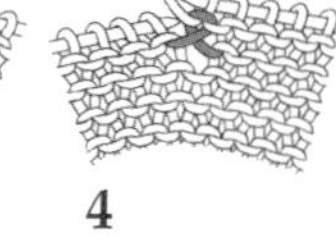

1 按照箭头方向，用右棒针将与下一个针目之间的渡线拉起来。

2 拉起来后，将线挂在左棒针上。

3 挂在左棒针上后，按照箭头方向，编织上针。

4 上针的扭加针完成。拉起来的针目被扭转，变成增加 1 针的状态。

下针的扭针

※ 不加针时的扭针，并非扭转渡线，而是扭转前一行的针目进行编织

上针的扭针

※ 不加针时的扭针，并非扭转渡线，而是扭转前一行的针目进行编织

左上 1 针交叉

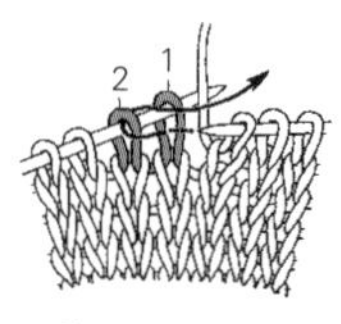

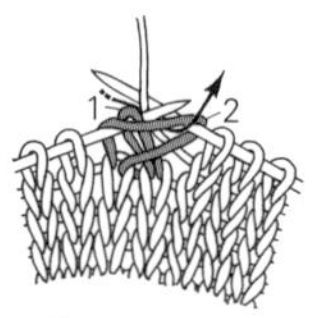

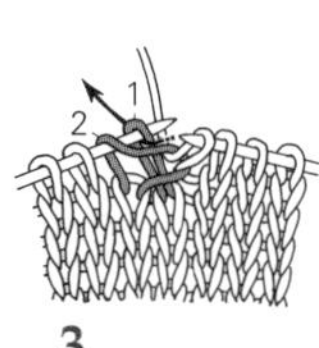

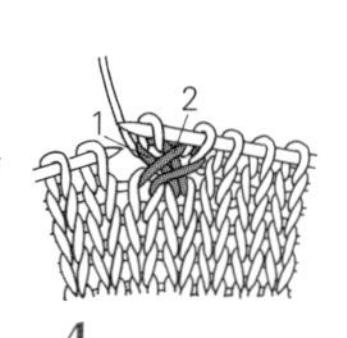

1 按照箭头方向，将右棒针从针目 1 的内侧插入针目 2 中。

2 将针目 2 拉至右侧，挂线后编织下针。

3 保持针目 2 在左棒针上，针目 1 编织下针。

4 取下针目 2，左上 1 针交叉完成。

右上 1 针交叉

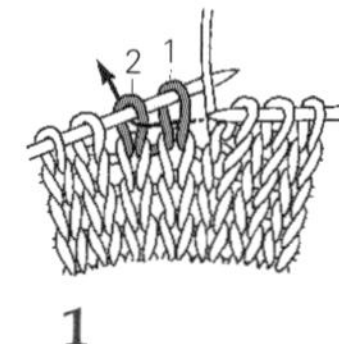

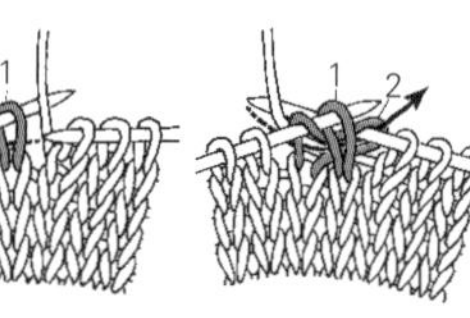

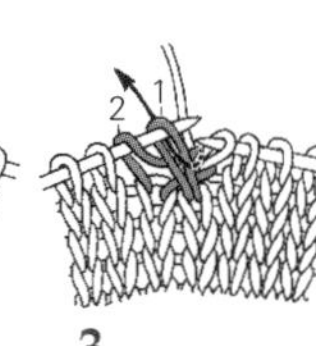

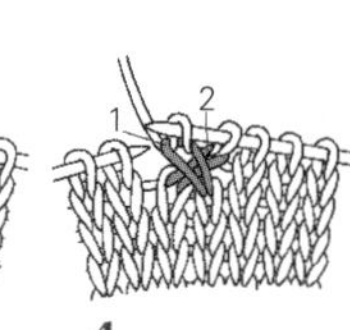

1 按照箭头方向，将右棒针从针目 1 外侧插入针目 2 中。

2 挂线后将针目 2 按照箭头方向拉出，编织下针。

3 按照箭头方向，将右棒针插入针目 1 中，编织下针。

4 取下针目 2，右上 1 针交叉完成。

左上 1 针交叉（下侧上针）

※ 即使针目数不同，交叉方法也是一样的

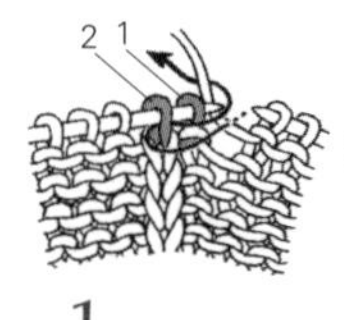

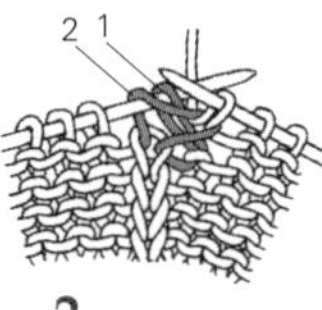

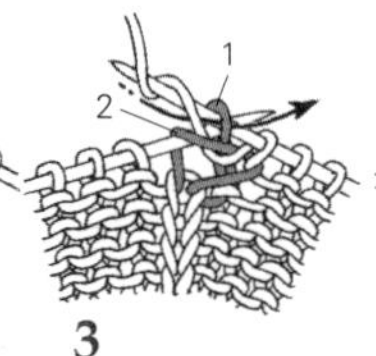

1 将线放在外侧，将右棒针按照箭头方向插入针目 2 中。

2 将针目 2 拉至右侧，挂线后编织下针。

3 保持针目 2 在左棒针上，按照箭头方向，将右棒针插入针目 1 中，编织上针。

4 抽出左棒针，左上 1 针交叉（下侧上针）完成。

右上 1 针交叉（下侧上针）

※ 即使针目数不同，交叉方法也是一样的

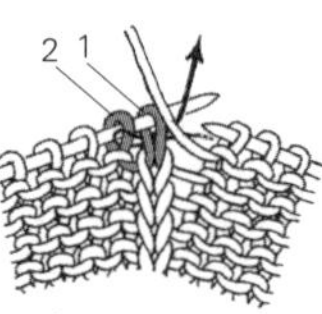

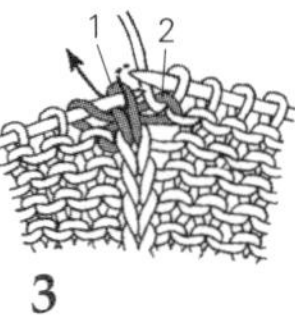

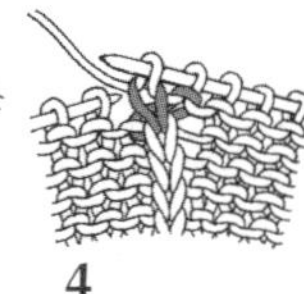

1 将右棒针按照箭头方向从针目 1 的外侧插入针目 2 中。

2 将针目 2 拉至右侧，挂线后编织上针。

3 保持针目 2 在左棒针上，按照箭头方向，将右棒针插入针目 1 中编织下针。

4 右上 1 针交叉（下侧上针）完成。

伏针（伏针收针）

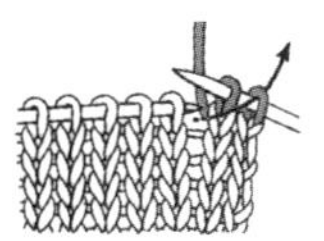

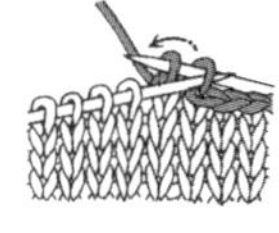

1
侧边的 2 个针目编织下针，按照箭头方向，将左棒针插入右侧的针目中。

2
如图所示，将右侧的针目盖在旁边的针目上。

3
将左棒针的针目编织 1 针下针，将右棒针的针目盖过去。重复此操作。

4
编织终点的针目，需如图所示将线头穿过针目后拉紧。

单罗纹针收针

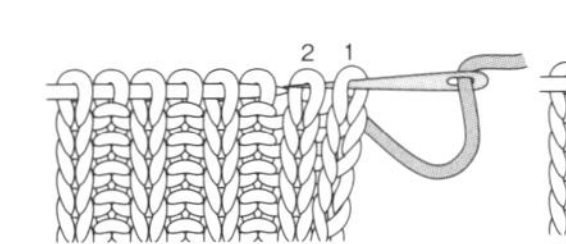

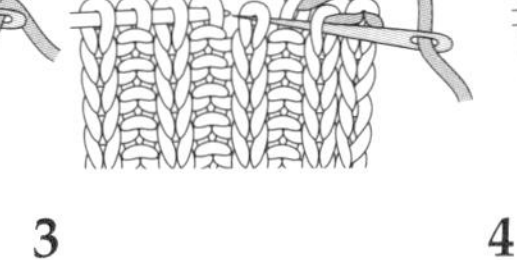

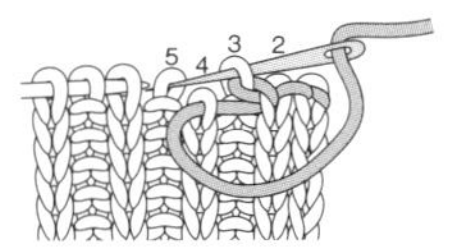

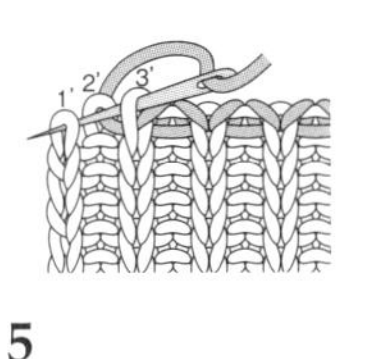

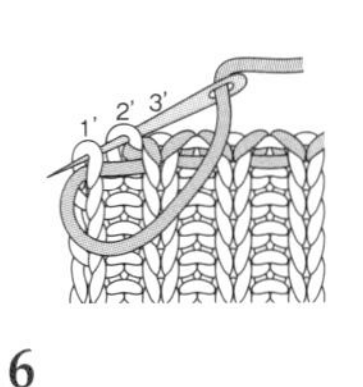

1
将手缝针穿入针目 1、2 中。

2
然后，从针目 1 穿入针目 3 中。

3
如图所示，将手缝针穿过相邻的下针。

4
将手缝针穿过相邻的上针。按照所需针数，重复步骤 **3**、**4**。

5
完成所需针数后，结束时将手缝针穿过针目 3′ 和 1′。

6
然后，将手缝针穿过针目 2′ 和 1′，单罗纹针收针完成。

双罗纹针收针

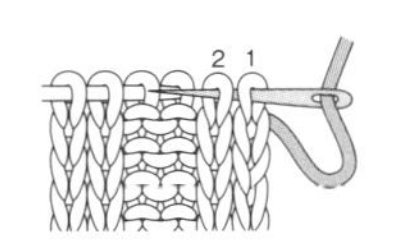

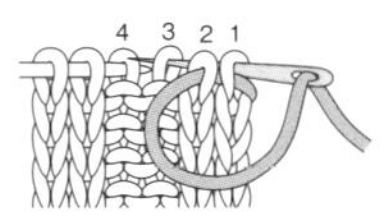

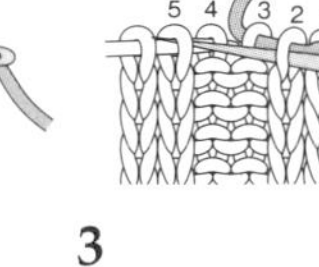

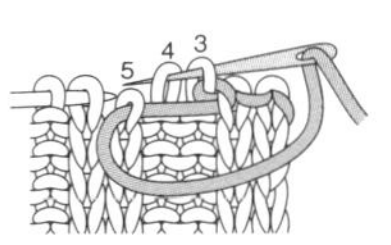

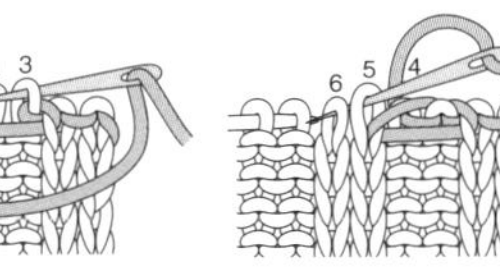

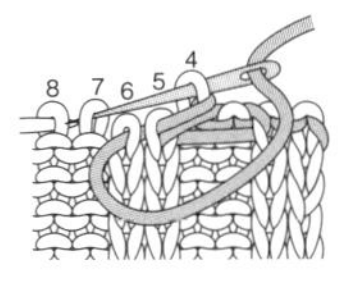

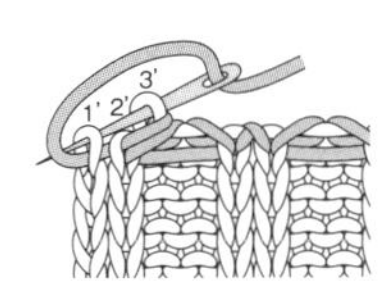

1
将手缝针穿入针目 1、2 中。

2
然后，从针目 1 穿入针目 3 中。

3
将手缝针穿过针目 2、5 中。

4
将手缝针穿过针目 3、4 中。

5
将手缝针穿过相邻的下针。

6
将手缝针穿过相邻的上针。按照所需针数，重复步骤 **5**、**6**。

7
结束时，再一次将手缝针穿过上针和下针。至此，双罗纹针收针完成。

刺绣基础

轮廓绣

卷针绣

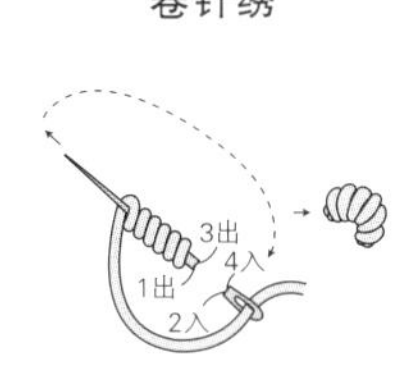

卷针玫瑰绣

参照卷针绣，
如下图所示，从中间开始按顺序刺绣

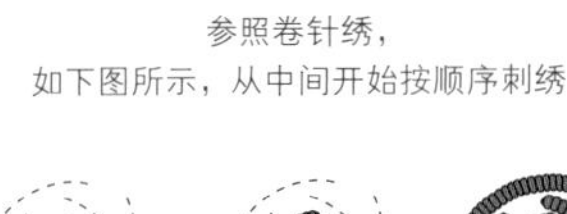

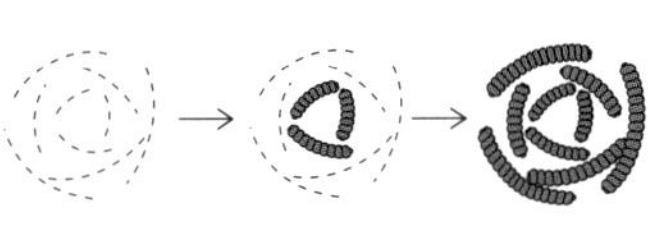

法式结粒绣

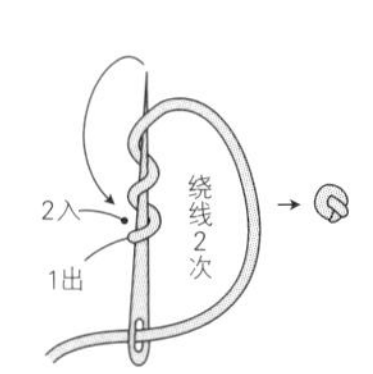

雏菊绣

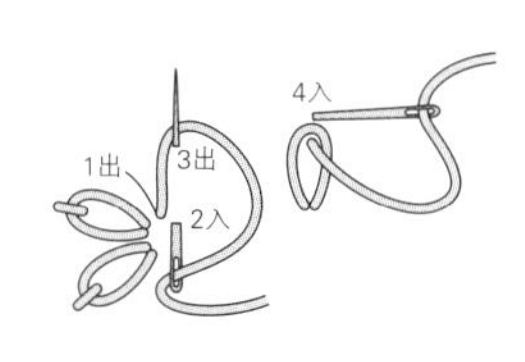

其他基础技法

全国通信专业技术人员职业水平考试大纲

中级

——互联网技术

工 业 和 信 息 化 部　编写
人力资源和社会保障部　审定

人 民 邮 电 出 版 社
北 京

全国通信专业技术人员职业水平考试大纲

中级

——互联网技术

一、考试说明

1. 考试目标

通过本考试的合格人员掌握信息通信专业法规、通信系统、现代通信网、移动通信、互联网与物联网、通信业务和通信网络安全等知识，具备工程项目管理能力以及较高的计算机和外语应用水平。

通过本考试的合格人员熟悉互联网的技术、标准；熟悉网络设计、网络优化的规程；掌握网络与信息安全技术、数据的存储与分析技术；能够维护区域内的网络拓扑结构及网络组织；熟悉所维护的互联网设备的工作原理，掌握其使用、维护和检修技术，能处理相关网络的技术故障；了解各种互联网技术的发展和应用，能及时为客户提供相关新业务和有效解决方案。

通过本考试的合格人员具备中级专业技术岗位工作所要求的综合能力。

2．考试科目设置

科目 1：通信专业综合能力（中级）

科目 2：通信专业实务——互联网技术

二、考试范围及要求

科目 1：通信专业综合能力（中级）

1．通信职业道德

1.1　职业道德概述

（1）了解职业道德的含义和特点。

（2）掌握职业道德基本范畴所包含的具体内容。

1.2　科技人员职业道德

（1）了解科技职业道德的特征、科技人员职业道德的内涵。

（2）掌握科技人员职业道德的基本要求。

1.3　通信科技人员职业道德

（1）了解通信科技人员职业道德的两重性。

（2）掌握通信科学技术的地位、通信科学技术工作的职业特点、通信科学技术职业道德的特点。

（3）掌握通信职业道德的含义以及通信科学技术职业道德的基本要求。

2．法律法规

2.1 《中华人民共和国电信条例》

（1）了解《中华人民共和国电信条例》修订的背景、目的及其适用范围。

（2）了解电信资费、电信资源的相关规定。

（3）了解电信设施建设、电信设备进网的相关规定。

（4）掌握《中华人民共和国电信条例》确定的各项原则。

（5）掌握基础电信业务、增值电信业务的含义与经营条件。

（6）掌握电信业务经营者的义务规定。

（7）掌握电信用户的义务、电信用户申诉及受理的规定。

（8）掌握电信业务经营者不正当行为的规定。

（9）掌握电信安全规定的具体内容。

2.2 《公用电信网间互联管理规定》

（1）了解互联、互联点、主导的电信业务经营者、非主导的电信业务经营者的相关概念界定。

（2）了解《公用电信网间互联管理规定》的原则、适用范围。

（3）掌握《公用电信网间互联管理规定》中有关电信业务经营者的互联义务的具体内容。

（4）掌握互联时限的相关规定。

（5）掌握互联争议的协调与处理的具体争议内容。

2.3 《中华人民共和国网络安全法》

（1）了解网络、网络安全、个人信息、网络运营者和网络数据的概念界定。

（2）了解《中华人民共和国网络安全法》的适用范围及总体要求。

（3）了解监测预警与应急处置、法律责任的相关规定。

（4）掌握《中华人民共和国网络安全法》关于网络运行安全、网络信息安全的规定。

2.4　其他相关法规

（1）了解不正当竞争的概念。

（2）掌握监督检查部门调查涉嫌不正当竞争行为可以采取的措施。

（3）掌握《中华人民共和国反不正当竞争法》规定的不正当竞争行为的具体内容。

（4）掌握《中华人民共和国消费者权益保护法》规定的经营者的义务内容、消费者的权利内容以及消费争议解决的途径。

（5）了解合同订立的程序。

（6）掌握合同的概念、特征及分类。

（7）掌握合同无效和撤销的情形。

（8）掌握合同内容约定不明确时的规定。

（9）掌握合同主要条款的内容。

（10）掌握合同终止履行的情形。

（11）掌握合同的变更、终止和解除的情形。

3. 计算机应用基础

3.1　计算机概述

了解计算机的发展、特点、分类和应用。

3.2　计算机系统的组成

掌握计算机的硬件和软件。

3.3　计算机中数据的表示

掌握计算机中的二进制数据和计算机中表示的数据。

3.4　数据库系统

（1）掌握信息和数据、数据处理和数据管理、数据库和数据库管理系统、数据库系统的概念。

（2）了解数据库技术的发展。

（3）理解数据库系统结构。

3.5　多媒体技术

（1）了解多媒体的基本概念。

（2）掌握多媒体系统的组成。

（3）了解多媒体的关键技术。

4．通信系统

4.1　通信系统概述

（1）了解通信的基本概念、通信系统分类与通信方式、通信系统的性能指标。

（2）掌握通信系统的组成。

4.2　信道及其特性

（1）了解信道的定义和分类、信道特性、信道中的噪声。

（2）掌握信道容量。

4.3　信源编码

（1）了解信源与信源编码的概念、抽样定理、其他信源编码。

（2）掌握脉冲编码调制。

4.4　信道编码

了解差错控制的概念、信道编码的思想、常用的信道编码及应用。

4.5　调制

（1）了解线性调制和非线性调制的特性。

（2）了解线性调制和非线性调制系统的抗噪声性能特点。

（3）了解 2ASK、2FSK、2PSK 系统的抗噪声性能特点。

（4）了解改进型数字调制信号的特点。

（5）了解复用技术、多址技术和双工技术的基本特征。

5．现代通信网

5.1　通信网概述

（1）掌握通信网的构成要素。

（2）了解下一代网络的演进。

5.2　交换与控制

（1）了解数据交换、IP 交换的工作原理。

（2）了解 IP 多媒体子系统的体系结构。

（3）掌握功能实体的功能。

（4）了解 IMS 中的接口和协议。

5.3　传输网

（1）了解光纤通信系统的组成。

（2）掌握光纤的分类、工作波长、传输损耗、色散及 ITU-T 规范光纤类型。

（3）掌握 SDH 传输速率与帧结构、SDH 复用路线、网元类型及分层结构。

（4）掌握光接口的位置及参数。

（5）掌握 MSTP 以太技术封装、级联技术及链路容量调整机制。

（6）掌握 ASON 的功能结构、3 个平面、3 个接口以及所支持的 3 种连接类型。

（7）掌握 DWDM 的系统组成、网元类型、组网及主光通道的定义。

（8）了解微波通信的特点。

（9）掌握微波站的分类、微波通信系统的组成。

（10）掌握卫星通信系统的组成和地球站的组成。

（11）了解卫星通信系统常用传输方式和卫星通信地球站。

5.4　接入网

（1）掌握接入网在通信网中的位置、接入网的定义、接口定界以及接入网的功能。

（2）了解双向 HFC 系统结构及频谱划分。

（3）掌握光纤接入的应用类型。

（4）了解 FTTx+LAN 接入。

（5）掌握无源光网络的结构及参考模型。

（6）掌握 EPON 组网、EPON 上/下行数据的传输及应用。

（7）了解吉比特无源光网络组网及传输速率。

（8）了解无线局域网的协议标准。

（9）掌握无线局域网的网络结构。

5.5　支撑网

（1）掌握 No.7 信令网的组成及信令方式、我国信令网的网络结构。

（2）了解同步方式。

（3）掌握我国同步网的网络结构、主从同步网中从时钟的工作模式及主从同步时钟等级。

5.6　软件定义网络

（1）掌握 SDN 的网络构架。

（2）了解 SDN 中的两个接口。

5.7　网络功能虚拟化

了解网络功能虚拟化的概念及架构。

6．移动通信

6.1　移动通信概述

（1）掌握移动通信的定义、特点和分类。

（2）了解移动信道中电波传播的损耗和主要效应。

6.2　移动通信关键技术

（1）掌握移动通信中的无线组网技术、双工技术、多址技术、分集技术、均衡技术、扩频技术。

（2）了解移动信道中的 Rake 技术、联合检测、MIMO 技术、OFDM 技术。

6.3　常用移动通信系统

（1）掌握蜂窝移动通信系统的基本组成和发展史。

（2）了解集群移动通信系统和移动卫星通信系统。

7．互联网与物联网

7.1　数据通信基础

（1）了解数据通信的基本概念、数据通信网及其发展历程。

（2）了解计算机通信网的定义、分类和性能指标。

（3）掌握网络体系结构与协议。

7.2　互联网

（1）了解互联网的基本概念。

（2）了解因特网的结构、发展阶段和标准化工作。

（3）了解互联网应用。

（4）掌握 TCP/IP 的体系结构、Internet 的地址和域名、TCP/IP 协议簇。

7.3　物联网

（1）了解物联网的基本概念。

（2）掌握物联网的体系结构。

（3）了解物联网技术。

8．现代电信业务

8.1　电信业务概述

（1）了解电信业务定义及其来由。

（2）掌握电信业务分类依据和规则。

（3）掌握电信业务编号规则。

8.2　基础电信业务

（1）了解基础电信业务的概念。

（2）了解基础电信业务在《电信业务分类目录》中的归类。

（3）了解各类基础电信业务编号。

（4）掌握各类基础电信业务的定义。

（5）掌握基础电信业务的基本功能与特征。

8.3　增值电信业务

（1）了解增值电信业务的概念。

（2）了解增值电信业务在《电信业务分类目录》中的归类。

（3）了解各类增值电信业务编号。

（4）掌握各类增值电信业务的定义。

（5）掌握增值电信业务的基本功能与特征。

8.4　信息通信业务发展趋势

（1）了解通信技术、网络、业务的发展趋势。

（2）掌握我国信息通信业务发展的阶段特征。

9．通信网络安全

9.1　信息系统安全概述

（1）了解信息系统的构成和分类。

（2）了解信息系统安全的概念。

（3）了解通信系统的安全保护等级。

（4）掌握通信网络安全的特点。

9.2　电信网络安全

（1）了解电信网络安全的概念。

（2）掌握电信网络安全的组成与结构、电信网络的典型攻击、电信网络的网络防卫方式。

9.3　计算机网络安全

了解计算机网络的安全威胁、攻击种类和安全策略。

9.4　通信网络安全体系结构

了解 ISO/OSI 和 TCP/IP 网络安全体系结构。

10．通信工程项目管理

10.1　项目管理概述

（1）了解项目的定义、项目的基本特征及项目生命周期。

（2）掌握项目管理的定义、特征、工作过程和知识领域。

10.2　通信工程项目管理

（1）了解建设项目的基本概念。

（2）掌握通信建设项目的划分、分类和基本建设程序。

（3）掌握进度控制、造价控制、质量控制的方法以及安全管理的重要性。

（4）了解项目经理的职责。

11．通信专业外语

（1）了解科技外语的表达特点。

（2）掌握信息通信专业词汇和专业术语。

（3）掌握科技外语翻译技巧。

科目2：通信专业实务——互联网技术

1．计算机网络与协议

1.1　计算机网络的功能

（1）了解计算机网络的定义。

（2）掌握计算机网络的基本功能。

1.2　计算机网络的组成和分类

（1）掌握计算机网络的组成。

（2）了解计算机网络的分类。

1.3　计算机网络的体系结构

（1）了解计算机网络体系结构的分层原理。

（2）掌握计算机网络协议的概念。

1.4　计算机网络分层模型

（1）掌握 OSI 参考模型。

（2）掌握 TCP/IP 参考模型。

（3）了解各层常用协议。

2．局域网

2.1　局域网基本原理

（1）了解局域网标准的类型和标准所在网络层次。

（2）掌握局域网的基本组成和特点。

（3）熟练掌握局域网的拓扑结构及其特点。

2.2　局域网协议

（1）掌握 LLC 子层的功能、服务规范、协议。

（2）了解 MAC 子层的功能、介质访问控制方式。

（3）了解物理层的功能和协议规定。

2.3　以太网

（1）掌握 MAC 子层协议。

（2）掌握 CSMA/CD 访问方式。

（3）了解物理层的功能和协议规定。

2.4　高速以太网

（1）了解快速以太网的标准、介质类型。

（2）了解吉比特以太网的特点、介质类型。

（3）掌握 10Gbit/s 以太网的特点、介质类型、工作模式、应用范围。

（4）熟练掌握交换式以太网的工作原理。

2.5　无线局域网

（1）了解使用无线局域网的场合。

（2）熟练掌握无线局域网的构成方式。
（3）掌握无线局域网的协议标准 IEEE 802.11。
（4）了解无线局域网的安全。
（5）了解无线局域网的特点和发展前景。
2.6　局域网的规划设计
（1）掌握局域网需求分析的内容和要求。
（2）掌握网络设计原则和目标。
（3）熟练掌握网络总体设计的内容。
（4）了解设备选型和配置的基本要求。

3．互联网

3.1　网络互连设备
（1）掌握路由器的主要功能。
（2）了解路由器各接口的使用。
（3）掌握网关的主要功能。
3.2　Internet 协议
（1）了解 IP 协议结构。
（2）掌握 IP 地址分类。
（3）掌握 IP 子网技术。
（4）了解 ICMP 协议结构和报文分类。
（5）掌握 IP 地址和 MAC 地址转换技术。
3.3　IPv6
（1）掌握 IPv6 协议格式。
（2）掌握 IPv6 地址分类。
（3）理解 IPv4 和 IPv6 相互访问技术。

3.4　Internet 路由协议

（1）理解动态路由协议的概念。

（2）掌握 RIP 协议工作原理。

（3）掌握 OSPF 协议工作原理。

（4）掌握 BGP 协议工作原理。

3.5　城域网

（1）掌握城域网的含义和结构。

（2）掌握宽带 IP 城域网路由和传输技术。

（3）掌握宽带 IP 城域网认证技术。

（4）了解宽带 IP 城域网的管理方式。

4．网络操作系统

4.1　网络操作系统的功能

（1）熟练掌握网络操作系统的功能和特性。

（2）了解网络操作系统安全性的内容。

（3）掌握网络操作系统的功能结构模型。

（4）了解网络操作系统的逻辑结构组成及各部分主要功能。

（5）了解网络操作系统和 OSI/RM 的对应关系。

4.2　Windows 系列操作系统

（1）了解 Windows 系列操作系统的特点。

（2）熟练掌握 Windows 系列操作系统网络基本概念。

（3）掌握 Windows 系列操作系统网络相关基本操作。

4.3　UNIX 操作系统

（1）熟练掌握 UNIX 的功能。

（2）熟练掌握 UNIX 的结构及各部分功能。

（3）掌握 UNIX Shell 常用命令。
（4）了解网络文件系统的基本概念。
4.4　Linux 操作系统
（1）了解 Linux 的特点。
（2）熟练掌握 Linux 内核结构及各部分功能。
（3）了解 Linux 文件系统及文件服务。
（4）掌握 Linux Internet 常用命令。

5. 交换技术

5.1　交换机的数据转发
（1）了解交换机的数据转发。
（2）掌握生成树协议。
5.2　VLAN 技术
（1）了解 VLAN 的基本概念。
（2）理解 VLAN 的实现过程。
（3）理解 VLAN 划分的标准。
（4）理解 VLAN 之间的通信主要采取的方式。
（5）掌握 VLAN 交换机互连的方式。
（6）理解 VLAN 的可靠性和可扩展性的获得方式。
（7）掌握 VLAN 配置。
5.3　多层交换技术
（1）掌握 3 层交换技术。
（2）掌握 4 层交换技术。
（3）掌握 7 层交换技术。
5.4　CDN 技术
（1）掌握 CDN 体系架构。

（2）了解 CDN 网络架构。

（3）掌握 CDN 工作机制。

5.5　SDN 技术

（1）掌握 SDN 的基本原理。

（2）了解 SDN 控制器。

（3）理解 SDN 应用。

（4）了解 SDN 产业生态。

6．网络安全

6.1　网络安全原理

（1）了解 OSI 安全体系关注的安全攻击、安全机制、安全服务。

（2）掌握网络安全模型。

（3）了解网络安全标准。

6.2　密码学

（1）掌握对称加密原理和消息机密性。

（2）熟练掌握公钥密码原理和消息认证。

（3）了解数据加密技术和网络层次的对应关系。

6.3　网络安全应用

（1）熟练掌握密钥分配和用户认证。

（2）掌握网络访问控制和云安全。

（3）掌握 Web 安全。

（4）理解无线网络安全。

6.4　系统安全

（1）掌握恶意软件的种类和特征。

（2）掌握入侵检测的概念和模型。

（3）掌握防火墙的概念和实施。

7．数据库基础

7.1 数据库系统

（1）了解数据库技术的发展历。

（2）掌握数据模型的概念和常用的数据模型。

（3）熟练掌握数据库系统的结构。

7.2 关系型数据库

（1）了解关系模型的数据结构。

（2）掌握关系模型的完整性约束。

（3）熟练掌握基本的关系运算。

7.3 关系型数据库标准语言 SQL

（1）掌握数据定义。

（2）熟练掌握查询。

（3）熟练掌握数据更新操作。

（4）熟练掌握视图应用。

（5）掌握数据控制操作。

7.4 其他数据库应用技术

（1）掌握分布式数据库的体系结构和技术特征。

（2）了解 MPP 数据库的概念、特征和架构。

（3）了解非关系数据库存在的意义和代表产品。

8．数据存储基础

8.1 数据存储概念

（1）熟练掌握数据与数据存储。

（2）理解数据表示与存储器。

（3）熟练掌握存储器的分类。

（4）理解存储系统层次结构。
（5）了解企业数据存储。
（6）理解数据存储的评价指标和非功能性需求。
8.2　数据存储设备
（1）熟练掌握硬盘的结构和工作原理。
（2）熟练掌握固态盘的结构和工作原理。
（3）理解磁带的结构和工作原理。
（4）了解光盘的结构和工作原理。
8.3　磁盘阵列
（1）理解磁盘阵列的组成和实现方式。
（2）理解磁盘阵列分级。
8.4　文件系统
（1）理解文件系统。
（2）了解分布式文件系统。
8.5　网络存储技术
（1）理解网络存储体系结构。
（2）掌握直接直连存储。
（3）掌握网络连接存储。
（4）掌握存储区域网络。
8.6　数据保护
（1）掌握数据备份与恢复。
（2）了解容灾与灾难恢复。

9．软件开发基础

9.1　程序设计基础
（1）掌握程序与程序设计语言。

（2）熟练掌握程序设计语言中的基本概念。

（3）熟练掌握面向对象程序设计中的基本概念。

9.2　数据结构与算法

（1）理解数据结构基础。

（2）理解算法基础。

9.3　软件工程

（1）掌握软件工程基础。

（2）熟练掌握面向过程分析、设计与实现。

（3）熟练掌握面向对象分析、设计与实现。

（4）掌握软件测试的概念与原则。

（5）掌握软件文档撰写规范。

（6）理解软件质量保证的概念与过程。

10．云计算架构与应用

10.1　云计算的架构与关键技术

（1）掌握云计算起源及基本概念。

（2）掌握 IaaS、PaaS、SaaS 等服务模式。

（3）掌握公有云、专有云、混合云等部署模式。

（4）掌握服务器虚拟化、存储虚拟化、分布式计算、分布式存储等云计算核心技术。

（5）了解云管理平台。

（6）了解云计算核心架构评价维度。

10.2　云计算常见软件工具

（1）熟练掌握云操作系统框架的概念。

（2）了解现在主流云操作系统框架的软件种类（OpenStack、OpenNebula、Eucalyptus、CloudStack）。

（3）熟练掌握 OpenStack 的设计原理和体系结构。

（4）熟练掌握 OpenStack 的核心项目的功能。

（5）掌握创建虚拟机的流程。

（6）掌握虚拟化架构的分类。

（7）了解虚拟化引擎 VMware/KVM 的特点。

（8）掌握分布式存储 Ceph 的基本架构。

（9）理解 Ceph 各组件的基本特点。

（10）掌握容器典型应用场景。

（11）理解 Docker 容器关键技术。

（12）了解容器操作系统。

（13）了解 Docker 容器资源管理调度和应用编排（Mesos 生态、Kubernetes 生态、Docker 生态）。

10.3　云数据中心网络

（1）掌握 Spine-leaf 的现代数据中心组网架构。

（2）掌握云计算数据中心组网面临的挑战。

（3）掌握基于 Overlay 的 SDN 解决方案。

（4）了解 VxLAN 技术原理。

（5）了解基于 VxLAN 的 vDC 及混合云组网方案。

（6）了解基于 SDN 的数据中心流量调优。

10.4　云安全架构与应用

（1）理解云计算中的主要安全威胁。

（2）熟练掌握云计算的安全架构及核心内容。

（3）了解云计算数据安全的常用解决方案。

（4）掌握云计算安全管理的内容。

（5）了解云计算服务法律监管的滞后状态以及司法管辖的不确定性。

（6）理解云计算安全方面可能涉及法律争议的内容。

11．大数据技术及应用

11.1　大数据基本概念

（1）了解大数据的产生背景。

（2）掌握大数据的定义。

（3）掌握大数据的特征。

11.2　大数据技术

（1）了解大数据技术体系。

（2）掌握文件系统结构和工作原理。

（3）掌握大数据系统访问其他数据存储系统。

（4）了解数据分析技术。

（5）了解数据可视化技术。

11.3　Hadoop 技术架构

（1）掌握 HDFS 文件系统工作原理。

（2）掌握 MapReduce 工作原理。

（3）掌握 YARN 的结构和工作原理。

（4）了解 Hadoop 系统的各种工具。

11.4　大数据应用发展

（1）了解大数据应用的发展现状。

（2）理解大数据应用存在的问题。

（3）掌握大数据应用的发展趋势。

11.5　大数据产业生态

（1）了解大数据产业生态构成。

（2）掌握大数据产业链职能分工。

（3）了解大数据商业模式。

11.6　大数据标准化体系
（1）了解国外大数据标准化现状。
（2）了解国内大数据标准化现状。
（3）了解国内大数据标准化体系建设的方向。
11.7　大数据发展面临的挑战和应对措施
（1）理解大数据发展面临的问题。
（2）掌握大数据发展的应对措施。

12．物联网

12.1　物联网的定义和特征
（1）熟练掌握物联网的定义。
（2）熟练掌握物联网的特征。
12.2　物联网技术架构
（1）熟练掌握物联网的层次结构。
（2）掌握物联网感知层的作用、技术组成。
（3）掌握物联网传输层的作用、技术组成。
（4）掌握物联网应用层的作用、技术组成。
12.3　自动识别技术
（1）熟练掌握条形码技术。
（2）熟练掌握 RFID 技术。
（3）理解 NFC 技术。
（4）了解 IC 卡技术。
（5）了解生物计量识别技术。
12.4　传感器技术
（1）熟练掌握传感器的工作原理及分类。
（2）理解传感器技术发展趋势。

（3）掌握无线传感网络。

12.5　定位系统

（1）熟练掌握卫星定位。

（2）掌握蜂窝基站定位。

（3）理解无线室内环境定位。

12.6　物联网接入技术

（1）熟练掌握 M2M 技术。

（2）掌握 6LoWPAN 技术。

（3）掌握 NB-IoT 技术。

（4）了解 LoRa 技术。

（5）掌握 eMTC 技术。

12.7　物联网应用

（1）掌握智能交通。

（2）掌握智能物流。

（3）了解环境监测。

12.8　物联网中的信息安全与隐私保护

（1）理解 RFID 安全与隐私保护机制。

（2）理解位置信息与隐私保护机制。

●工作人员
图书设计　五十岚久美惠 pond inc.
摄影　小塚恭子（作品）、本间伸彦（制作过程、线材样本）
造型　铃木亚希子
发型　久保田政光
模特　Lilly
作品设计　池上舞、冈真理子、冈本启子、风工房、镰田惠美子、河合真弓、blanco
编织方法解说、绘图　加藤千绘
制作过程协助　河合真弓
编织方法校对　外川加代
企划、编辑　日本 E&G 创意（成田爱留）

●材料提供
本书中的作品均使用和麻纳卡株式会社的线编织。

●摄影协助
LA MARINE FRANCAISE 代官山店、finestaRt

图书在版编目（CIP）数据

棒针编织的时尚马甲和背心 / 日本E&G创意编著；刘晓冉译. —郑州：河南科学技术出版社，2023.11
ISBN 978-7-5725-1337-4

Ⅰ.①棒…　Ⅱ.①日…　②刘…　Ⅲ.①棒针-绒线-编织-图集　Ⅳ.①TS935.522-64

中国国家版本馆CIP数据核字（2023）第205457号

出版发行：河南科学技术出版社
地址：郑州市郑东新区祥盛街27号　邮编：450016
电话：（0371）65737028　65788613
网址：www.hnstp.cn
策划编辑：张　培
责任编辑：张　培
责任校对：刘逸群
封面设计：张　伟
责任印制：张艳芳
印　　刷：河南新达彩印有限公司
经　　销：全国新华书店
开　　本：889 mm×1 194 mm　1/16　印张：4　字数：100千字
版　　次：2023年11月第1版　2023年11月第1次印刷
定　　价：49.00元